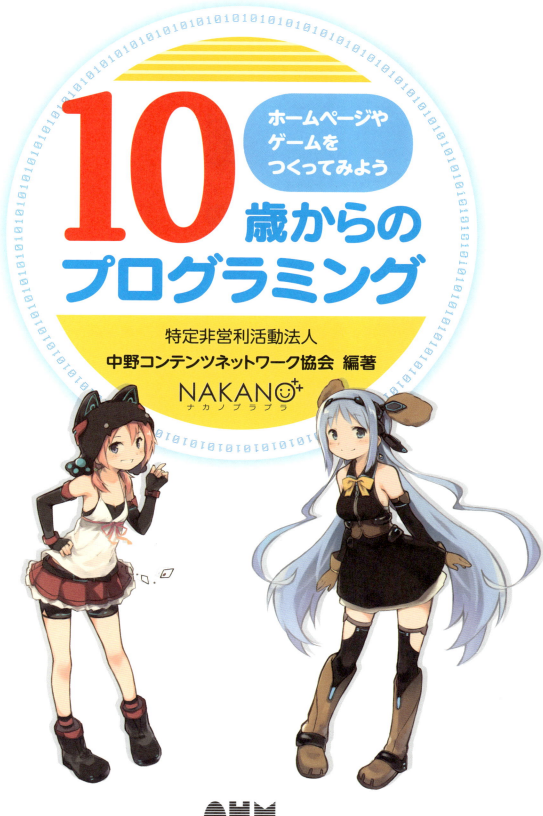

本書は、Windowsパソコンで動作させることを想定して解説しています．

【Windows】　Windows 7 以降の OS（Google Chrome が動作する環境）
【mac OS】　2013 年以降に発売され、Windows の推奨スペックに準じるもの

本書中に登場する会社名，商品名，製品名などの登録商標は各社に属します．

---

本書を発行するにあたって，内容に誤りのないようできる限りの注意を払いましたが，本書の内容を適用した結果生じたこと，また，適用できなかった結果について，著者，出版社とも一切の責任を負いませんのでご了承ください．

---

本書は，「著作権法」によって，著作権等の権利が保護されている著作物です．本書の複製権・翻訳権・上映権・譲渡権・公衆送信権（送信可能化権を含む）は著作権者が保有しています．本書の全部または一部につき，無断で転載，複写複製，電子的装置への入力等をされると，著作権等の権利侵害となる場合があります．また，代行業者等の第三者によるスキャンやデジタル化は，たとえ個人や家庭内での利用であっても著作権法上認められておりませんので，ご注意ください．

本書の無断複写は，著作権法上の制限事項を除き，禁じられています．本書の複写複製を希望される場合は，そのつど事前に下記へ連絡して許諾を得てください．

(社)出版者著作権管理機構
（電話 03-3513-6969, FAX 03-3513-6979, e-mail: info@jcopy.or.jp）

JCOPY ＜(社)出版者著作権管理機構 委託出版物＞

# はじめに

みなさん、こんにちは。これからしばらくの間、この本でプログラミングについていっしょに勉強していくよ。

プログラミングってなんだろう？　みんなはどれくらい知っているかな。プログラミングっていうのは、コンピュータに順序よく命令を出して、いろんなことをさせるってことなんだ。

みんなのおうちには、パソコンや、スマートフォン、それからゲーム機なんていうものもあるかもしれないけど、それらはみんなコンピュータの一種なんだ。コンピュータで動画を見たり、ゲームで遊んだりするとき、そこでは「ソフトウェア」というものが動いている。いろいろなソフトウェアがあるおかげで、コンピュータはいろいろなことができるようになっているんだ。

このソフトウェアは「プログラム」というものでできていて、そしてプログラムをつくることを「プログラミング」っていうんだ。つまりプログラミングができると、コンピュータになんでもさせることができるんだよ。

いまではたくさんの大人がこのプログラミングを仕事にしているよ。でも、プログラミングは大人が仕事でするだけじゃつまらない。コンピュータを使えば、アイデア次第でいろいろなものがつくれる。すごいものができたらみんなをあっといわせることもできる。それってとっても面白いことじゃない？　プログラミングに興味をもって、趣味としてやっているのは大人だけじゃなく、こどももたくさんいるんだ。

プログラミングを学ぶと、いろいろな大切な考え方が身に付くという人もいる。それもとっても大事なことだけど、みんなにはこの本でプログラミングの楽しさに気づいて、本を離れてからも自分たちのやりかたで、どんどんプログラミングしていってほしいと思っているよ。

この本は Day 1 から Day 8 まで、8 日間で読み終えられるように構成されているよ。初めのほうでは Scratch というソフトウェアを使って勉強を進めるよ。Scratch はプログラミングが初めてのこどもでも、楽しくプログラミングのことが勉強できるようにつくられた

ソフトウェアなんだ。

　画面上でキャラクターを動かしたり、ゲームをつくったり、いろいろなプログラムを実際につくって動かしてみることができるよ。

　それから後ろのほうではJavaScript（ジャバスクリプト）を使ってプログラミングについて勉強するよ。

　JavaScript（ジャバスクリプト）は、主にホームページをつくるときに使われているプログラミング言語で、パソコンやスマートフォンに入っているWeb（ウェブ）ブラウザ（インターネットのホームページを表示（ひょうじ）するソフトウェアだね）で動かすことができるよ。

　JavaScript（ジャバスクリプト）はいまではとても多く使われていて、JavaScript（ジャバスクリプト）でプログラミングすることを仕事にしている人もたくさんいるんだ。

　それから、アルファベットをそのまま読むもの以外（いがい）にはふりがなをふったので、読みかたの参考（さんこう）にしてね。


　みなさんもこの本を通して、プログラミングと友（とも）だちになって楽しく学んでください。

2018年10月　執筆者一同

本書（この本）に出てくるプログラムや画像（がぞう）は、下にあるURLにアクセスするとダウンロードできるよ。

http://nakano-plapla.jp/?page_id=1433

## Contents 目次

### DAY 1

**1. プログラミング教室へようこそ**
- **1-1** プログラミング教室へようこそ ……………………… 2
- **1-2** Scratch について ……………………………………… 2
- **1-3** Scratch を使えるようにしよう ……………………… 2
- **1-4** ネコを動かしてみよう ………………………………… 4
- **1-5** 作品を保存しよう ……………………………………… 8
- **1-6** こんなことができるかな ……………………………… 9

**2. プログラミングに共通した基本**
- **2-1** もう少しプログラミングの基本にふれてみよう …… 10
- **2-2** 変わる数「変数」 ……………………………………… 10
- **2-3** リストを使ってみよう ………………………………… 13
- **2-4** もし〜なら ……………………………………………… 15
- **2-5** 繰り返し ………………………………………………… 19
- **2-6** これからも Scratch を使ってみてね ………………… 19

**コラム　プログラムの入力に使うソフトウェアについて** …… 20

### DAY 2

**3. Web プログラミングの世界へようこそ**
- **3-1** Web プログラミングってなに？ ……………………… 24
- **3-2** 準　備 …………………………………………………… 24
- **3-3** ネコを動かしてみよう ………………………………… 25
- **3-4** 本当にネコを動かそう ………………………………… 27
- **3-5** 数字を変えて遊んでみよう …………………………… 28
- **3-6** 使ったファイルについて ……………………………… 28
- **3-7** HTML …………………………………………………… 29
- **3-8** CSS ……………………………………………………… 30
- **3-9** JavaScript ……………………………………………… 30

v

## Contents 目次

### DAY 2

**4. 文字の表示方法と変数という入れ物について**
- 4-1 なにもないところからプログラムを書いてみよう ……… 31
- 4-2 コンソールに文字を出してみよう ……………………… 32
- 4-3 エラーを出してみよう ……………………………………… 34
- 4-4 計算について ………………………………………………… 34
- 4-5 値 ……………………………………………………………… 35
- 4-6 算術演算子 …………………………………………………… 35
- 4-7 変 数 ………………………………………………………… 36
- 4-8 計算してみよう ……………………………………………… 36
- 4-9 変数のつくりかたと使いかた ……………………………… 37
- 4-10 プログラミングの入口 ……………………………………… 38

### DAY 3

**5. どっちを実行するか選ぶ (if)**
- 5-1 「if」という構文 …………………………………………… 40
- 5-2 おみくじ ……………………………………………………… 42

**6. 繰り返し処理をする (for)** ………………………………… 44

### DAY 4

**7. 同じ目的のデータを入れる入れ物 (配列)** ……………… 48

**8. プログラムから違うプログラムをよび出す (関数)** ……… 51

# Contents 目次

## DAY 5

**9.** オブジェクトってなんだ？
- **9-1** オブジェクトとは ･････････････････････････ 58
- **9-2** 「タイミングをはかる」ゲームをつくろう ････････････ 61

**10.** オブジェクトを動かしてみよう ･････････････････････ 66

## DAY 6

**11.** CSS（スタイルシート）ってなんだ？ ･･････････････････ 74

**12.** CSS を使ってみよう ･･･････････････････････････ 78

## DAY 7

**13.** ホームページやスロットゲームをつくろう①
- **13-1** スロットゲームの実行 ････････････････････････ 86
- **13-2** スロットゲームのプログラムの入力 ･･････････････ 86
- **13-3** 値を変えて、変化をみてみよう ･････････････････ 90
  - **13-3-1** タイトルの表示 ････････････････････････ 91
  - **13-3-2** <input> タグ value= ･････････････････････ 92
- **13-4** 絵がらの表示 ･･････････････････････････････ 93
  - **13-4-1** <input> タグ onClick= ････････････････････ 93
  - **13-4-2** <img> タグ ････････････････････････････ 94
  - **13-4-3** HTML5 の「まとめ」･････････････････････････ 95

## Contents 目次

**DAY 7**

**14. ホームページやスロットゲームをつくろう②**
- 14-1 CSS で配置を決定する ･････････････････････････ 100
- 14-2 CSS で文字の大きさを変える ･････････････････････ 101
- 14-3 CSS で外側の余白（白い部分）を変える ･････････････ 102
- 14-4 CSS で内側の余白を変える ････････････････････････ 103
- 14-5 CSS でボタンの角をまるめる ･･････････････････････ 104
- 14-6 CSS の「まとめ」････････････････････････････････ 105

**DAY 8**

**15. ホームページやスロットゲームをつくろう③**
- 15-1 スロットの絵の表示速度を変えてみる ･･･････････････ 110
- 15-2 スロット画像の STOP について値を変えてみよう ････ 119
- 15-3 JavaScript の「まとめ」････････････････････････････ 122

**コラム 「CSS で指定できる色名一覧（140 色）」について** ･･･････ 129

- おわりに ････････････････････････････････････････････ 131
- さくいん ････････････････････････････････････････････ 132
- 編著者紹介 ･･････････････････････････････････････････ 134

> 本書は Day 1 から Day 8 まで、8 日間で読み終えられるよう、構成されています。

# DAY 1

## 1. プログラミング教室へようこそ

- 1-1 プログラミング教室へようこそ ・・・・・・・・・・・・・・・・・・・・・・・・・・・・・ 2
- 1-2 Scratch について ・・・・・・・・・・・・・・・・・・・・・・・・・・・・・・・・・・・・・・・ 2
- 1-3 Scratch を使えるようにしよう ・・・・・・・・・・・・・・・・・・・・・・・・・・・ 2
- 1-4 ネコを動かしてみよう ・・・・・・・・・・・・・・・・・・・・・・・・・・・・・・・・・・・ 4
- 1-5 作品を保存しよう ・・・・・・・・・・・・・・・・・・・・・・・・・・・・・・・・・・・・・・・ 8
- 1-6 こんなことができるかな ・・・・・・・・・・・・・・・・・・・・・・・・・・・・・・・・・ 9

## 2. プログラミングに共通した基本

- 2-1 もう少しプログラミングの基本にふれてみよう ・・・・・・・・・ 10
- 2-2 変わる数「変数」・・・・・・・・・・・・・・・・・・・・・・・・・・・・・・・・・・・・・・・・ 10
- 2-3 リストを使ってみよう ・・・・・・・・・・・・・・・・・・・・・・・・・・・・・・・・・・ 13
- 2-4 もし〜なら ・・・・・・・・・・・・・・・・・・・・・・・・・・・・・・・・・・・・・・・・・・・・・ 15
- 2-5 繰り返し ・・・・・・・・・・・・・・・・・・・・・・・・・・・・・・・・・・・・・・・・・・・・・・・ 19
- 2-6 これからも Scratch を使ってみてね ・・・・・・・・・・・・・・・・・・・ 19

コラム　プログラムの入力に使うソフトウェアについて ・・・・・・・・・・・・・・ 20

## DAY 1
# 1 プログラミング教室へようこそ

## 1-1　プログラミング教室へようこそ

　まずはScratch(スクラッチ)を使って、「プログラミングってどんなものだろう？」ってことを勉強しよう。その後で少し難(むずか)しくなるけど、実際(じっさい)にいろいろな目的(もくてき)で使われてるJavaScript(ジャバスクリプト)を使って、本格的(ほんかくてき)なプログラミングに挑戦(ちょうせん)していこう。

## 1-2　Scratch(スクラッチ)について

　**Scratch**(スクラッチ)には、パソコンにインストールして使うバージョン（Scratch 1.4、2017年12月現在(げんざい)）もあるけど、最新版(さいしんばん)のScratch(スクラッチ)は、インストールをしなくても、Web(ウェブ)ブラウザからすぐに使えるようになっているんだ。今回は、このWeb(ウェブ)ブラウザから使えるScratch(スクラッチ)を使ってプログラミングをしてみよう。

## 1-3　Scratch(スクラッチ)を使えるようにしよう

　みなさんがパソコンで日ごろ使っているWeb(ウェブ)ブラウザを起動しよう。起動したら、アドレス欄(らん)に

```
https://scratch.mit.edu/
```
(スクラッチ)

を入力して、Scratch(スクラッチ)の公式サイトを開こう。

　ブックマークしておくと、次に開くとき便利(べんり)だね（ブックマークはGoogle(グーグル) Chrome(クローム)の場合、アドレス欄(らん)の右側(みぎがわ)の星マークを押(お)すとできるよ）。

〈図 1-1〉

Scratchの公式サイトを開いたら、画面の上のメニューから「作る」を選んでみよう。

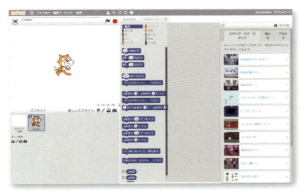

〈図 1-2〉

こんな画面（図 1-2）が表示されたかな。これがScratchでプログラミングするための画面なんだ。これですぐにプログラミングを始めることができるよ。

いろいろなものが表示されていて、最初から全部おぼえるのは大変そうだね。ここではまず、基本的な画面の見かたを説明するよ（なにか試して画面が変わってしまった人は、「ファイル」メニューから「新規」を選んで「OK」で画面をもどせるよ）。

まず画面の右側に絵が並んでいるところがあるね。ここはみんながScratchでプログラミングをするときに役に立つ話をのせてくれているんだ。

使わないときは、上の×印を押して、画面を広く使えるようにしておこう。

×印を押して右側の絵を閉じた画面だよ。

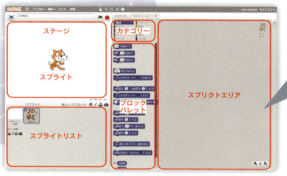

〈図 1-3〉

左側に白い四角があって、ネコが表示されているね。ここが**ステージ**だよ。Scratch でプログラミングした内容は、このステージで表示されるんだ。このネコのように、ここに表示されるものは**スプライト**といって、絵や形などを下のスプライトリストに登録して使うんだ。キャラクターといってもいいかもしれないね。

ステージの右側にあるのが**ブロックパレット**と**スクリプトエリア**だよ。ここで、プログラミングをつくっていくよ。また、「○歩動かす」のような、角がまるい四角がいくつも表示されているね。これを**ブロック**といって、Scratch ではブロックをスクリプトエリアに並べてプログラムをつくるんだ。

ほかの細かいものについては、必要なときに説明することにして、さっそくプログラムをつくってみよう。

## 1－4　ネコを動かしてみよう

いま、ステージにはネコが表示されているね。このネコはみんなのような、とにかく Scratch で何かしてみたいっていう人が、すぐに試すことができるように、ここにいるんだよ。

それじゃ、さっそくこのネコを動かしてみよう。

命令するためのブロックはいくつかのカテゴリに分かれているよ。動くことに関係したブロックは「動き」に入っているから、上のカテゴリのなかから選んでみよう。「○歩動かす」や「○度回す」というブロックが表示されたね。

まずは「10 歩動かす」と書かれているブロックを使ってみよう。

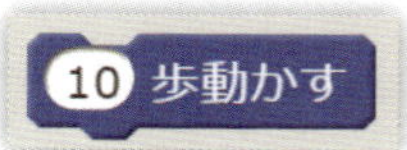

〈図 1-4〉

「10歩動かす」を、右側のスクリプトエリアにドラッグ・アンド・ドロップできるかな（なにかにマウスを合わせてクリックしたまま、目的の場所まで動かして離すことを、**ドラッグ・アンド・ドロップ**っていうんだ）。

さあ、ブロックが1つ置かれたね。これだけでも命令を試してみることができるよ。そう、ブロックはクリックすると命令として実行されるんだ。「10歩動かす」をクリックすると、……どうだろう。ネコが少し右に動いたね（10歩にしては動いた距離が短いかも知れないけど、見えない小さいマスがあって、それを1歩って数えているんだ）。

これでScratchでの最初のプログラムができた。でもあまりにも単純すぎるよね。では、さらに、どんなことができるか、足りないものを足していこう。

まず、「10歩動かす」といっても、いつ、どんなときに動かすのかってことが足りない気がするね。

この「どんなときに命令を実行するか」というのは、ブロックパレットの**イベント**のカテゴリに入っているよ。イベントの一覧から選んでみよう。

> 「〜されたとき」って書かれたブロックがいくつか出てきたね。そこにある「スペースキーが押されたとき」なんてどうだろう。
> これをドラッグで「10歩動かす」の上にもっていってみよう。

〈図1-5〉

〈図1-6〉

　そうするとブロックのすき間がうまくくっついて、1つのブロックになったね。これは命令がつながったということなんだ。「スペースキーが押されたとき、10歩動かす」って読めるね。
　じゃあスペースキーを押してみよう。ネコが動いたね。さっきのボタンをクリックするより動かしやすいかもしれないね（ネコが端まで行ってしまったときは、ネコをドラッグしてもどしてあげよう）。「スペースキーが押されたとき、10歩動かす」で、少しずつプログラムの流れができてきた感じがするね。もう少しいろいろ付け足してみよう。

　実は、ネコをもっと歩いているように見せるやりかたがあるんだ。上のほうに、「スクリプト」「コスチューム」「音」とタブになっているところを切り替えて、コスチュームにしてみよう。

〈図1-7〉

ここは、ネコのスプライトにどんな絵が登録されているかを見たり、書きかえたりするところなんだ。
　その、スプライトの見た目の1つひとつのことを**コスチューム**っていうんだけど、いま、このネコには2種類のコスチュームが登録されていることがわかるね。これを1回ごとに切りかえたら、もっと歩いているように見えるかもしれないね。
　ではいったんタブをコスチュームからスクリプトに切りかえて、カテゴリを「見た目」に切りかえてみよう。

〈図1-8〉

　「見た目」にはスプライトの見た目を変化させる命令が集まっているよ。では、このなかから「次のコスチュームにする」を選んで、今度は「10歩動かす」の下のところにくっつけてみよう。
　どんな動きになるかな……。
　スペースキーを押すたびにネコの動きが切りかわって、歩いているみたいになったね。このテクニックは、これからみんながいろいろなものを動かしたいときに使えるかもしれないね。
　さあ、もう少し工夫を加えてみよう。スペースキーでネコが歩くようにはなったけど、ステージの端まで行ったら、もう動けなくなっちゃうね。ここで使えそうなブロックを探してみよう。
　「動き」のなかに「もし端に着いたら、はねかえる」があったかな。これをまたブロックのいちばん下につなげてみよう。

どうなったかな……。

ちょっと不思議な顔をしているね。はねかえったのははねかえったけど、上下まで逆さになってしまったね（これでも面白いかな？）。

これは、スプライトの方向転換をするときの、設定の問題なんだ。スプライトリストのネコのところにｉマークが見えたら、クリックしてみよう。スプライトの設定画面が開くよ。そこに「回転の種類」という項目があるから、それを左右の矢印のものに変えてみよう。

〈図 1-9〉

今度はどうなるかな……。

うまくいったかな。ネコを動かしてみるということについては、これでなかなかいいプログラムができたね。いいプログラムができたときは、なにかに保存しておいたほうがいいね。それでは、保存するやりかたをみていこう。

## 1-5　作品を保存しよう

まずプログラムに名前を付けよう。「歩くネコ」でも「マラソンキャット」でもなんでもいいよ。ステージの上のところに文字を入れる欄があるね。ここがプログラムに名前を付ける場所なんだ。好きな名前を入力してみよう。

名前を入力できたら、今度は、上の「ファイル」メニューから「手元のコンピュータにダウンロード」を選ぼう。

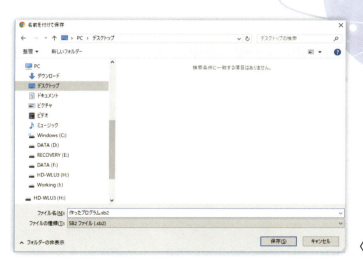

〈図1-10〉

ファイルを保存する画面になるから、場所を選んで保存してね。

　もう、この歩くネコに、もっと工夫を付け足してみたくなったんじゃないかな。使えそうなブロックを探したり、数字を変えたりして、いろいろ試して、遊んでみよう。もしプログラムが動かなくなっても、保存したところまではいつでももどれるよ。

## 1-6　こんなことができるかな

- 音をならしてみよう
- ネコにダンスを踊らせてみよう

1　プログラミング教室へようこそ

## DAY 1-2 プログラミングに共通した基本

### 2-1 もう少しプログラミングの基本にふれてみよう

1章では、みんなの最初の Scratch プログラムが完成したね。おめでとう。

次のこの章でも、Scratch を使って勉強を進めるんだけど、もっと先の章で、JavaScript を使うようになったときにも関係してくるような、「プログラミングに共通した基本」にふれてみながら進めるよ。でも、いままでと同じで、実際にネコを動かしながら進めるから心配しないで。

### 2-2 変わる数「変数」

〈図 2-1〉

前の章でのプログラムが残っていたら、一度最初の状態までもどそう（保存はできたよね？）。

またいつものネコがまん中にきたら、今度はこのネコになにかをしゃべらせてみよう。

ネコにしゃべらせるための命令のブロックは、「見た目」のカテゴリにあるよ。

「Hello! と言う」を探せるかな……。探せたらこれをスクリプトエリアにドラッグ・アンド・ドロップしよう。

ついでに、「イベント」カテゴリのブロックから「スペースキーが押されたとき」をもってきて、上にくっつけておこう。

〈図 2-2〉

スペースキーを押すと、ネコにマンガのようなふきだしが出て、「Hello!」ってしゃべっているようになったね。

〈図 2-3〉

じゃあこのネコに「Hello!」じゃないことをしゃべらせるときはどうしたらいいかな。

ブロックの「Hello! と言う」の Hello! のところは、後ろの色が白に変わっているけど、これは「文字を入力して違うものにできる」っていうことなんだ。試しに、好きな言葉を入れてみよう……。面白いことをいわせられたかな。

でも、次々と違う言葉をいわせたくなったとしたら、この毎回書きかえる方法はちょっとめんどうだね。ここで「変数」というものを使って、少し工夫してみよう。

変わる数と書いて、変数。変数はプログラミングのなかでもとっても大事なものなんだ。**変数**は「数字や、文字など、1つのものを入れておける箱のようなもの」だけど、中身をどんどん変えていくことができるんだ。

> **メモ**
>
> 「変数」もそうだけど、プログラミングってときどき難しい用語（言葉）が出てくるね。
> こういう用語には、実はここで説明するよりも、もっとくわしい「定義」というものがある。もっと慣れて、本格的にプログラミングに取り組むようになったときには、用語の本当の意味について、くわしく調べてみるのも大事なことだよ。

DAY 1

2 プログラミングに共通した基本

ではこの変数を使って、ネコに数字を数えさせてみよう。

Scratchで変数を扱うときは、「データ」のカテゴリを使うんだ。データのカテゴリを開くと、「変数を作る」「リストを作る」があるね。

「変数を作る」をクリックしよう。まず、することは、変数の名前を決めることだ。今回は数字を数えさせたいから、「数える数」にしようか。

〈図2-4〉

そうするといくつかブロックが表示されたね。「数える数」が変数のブロックだ。この変数のブロックをどうしたらいいかな。

〈図2-5〉

実は、さっきの「Hello! と言う」のHello! の部分にはめることができるんだ。ドラッグ・アンド・ドロップでやってみよう。

〈図2-6〉

スペースキーを押すとどうなったかな……。

ネコが「0」といったね。

Scratchの変数には最初に0が入っていたってことになるね。

でもこのままだと、ネコがいうのはずっと0のままだ。変数の内容を変えていくにはどうしたらいいだろう。

「データ」のカテゴリに「数える数を1ずつ変える」というのがあって、それが使えそうだね。これを、いまつくっているブロックの下にくっつけてみよう。

うまくいったかな……。それじゃ少し工夫してみようか。「数える数を1ずつ変える」の1は、違う数字にもできる。3にしたらどうなるかな……。変数の変わりかたが変わって、ネコが3ずつ数えるようになるね。ちょっとかしこいネコになったね。

## 2-3 リストを使ってみよう

次にリストというものを使ってみよう。まず、ここでまたいったん最初の状態にもどそう（いまのものが気に入っているときは、保存しておこう）。

リストはほかのプログラミング言語では「配列」ともよばれていて、これも大事なものだよ。「配列」については別の章にも出てくるから後で説明するね。

変数では1つのものが入れられたけど、**リスト**はいくつものものをまとめて入れることができるよ。それと、入れたものには番号が付いて、後でその番号を使ってよび出せるという特長もある。

今回はこのリストを使って、ネコに好きな食べものをしゃべらせるプログラムをつくってみよう。

まず、準備として、スペースキーでHello! としゃべるところまでつくっておこう。

それができたら、「データ」のカテゴリから「リスト」を選んでリストをつくっていくよ。やっぱりまずすることは、リストの名前を決めることだ。ネコに好きな食べものをしゃべらせるプログラムだから、「好きなたべもの」って入れてみようか。

またいくつかのブロックが表示されたね（図2-7）。

〈図2-7〉

〈図2-8〉

それと、ステージにグレーの箱が表示されたよね（図2-8）。このグレーの箱を使って、リストの中身をつくれるんだ。

好きな食べものを3つほど追加してみよう。リストに中身を追加するときは、左下の「＋」ボタンを押すんだ。入力欄が出るから入れていってね。

たとえば「ハンバーグ」「おさかな」「スパゲティー」にするよ。また、文字が途中までで見えなくなるときは、右下のつまみをドラッグして調節してみてね。

さあ、好きな食べものを入力し終わったら、さっきのようにHello!のところに、好きな食べもののリストを入れてみようか。でもこのままだとあまりいいことにはならないかもしれない。実際、試すとリストの中身ぜんぶを一度にしゃべってしまったね。

なにかもっといいブロックはないかな。「データ」カテゴリのブロックに、「1番目（好きなたべもの）」というブロックがあったね。今度はこれを入れてみよう。

〈図2-9〉

今度はどうかな。リストの1番目の食べものだけをしゃべるようになったね。これは1という番号で、リストの中身をよび出しているんだ。こういうふうに番号で中身をよび出せるのがリストの便利な機能なんだよ。

でも結局は1種類のことしかしゃべらないね……。もう少し工夫しよう。

実は「1番目」の1のところは、もっとほかのものも選ぶことができる。そのなかで、乱数というものが選べるんだ。乱数というのは英語でいうとrandomといって、ここでは「どれが出るかわからないけど、どれか」という意味になるんだ。この乱数を使って、もう一度

試してみよう……。今度はいろいろな食べもののことをしゃべるようになったね。ずいぶん食いしんぼうになった感じだ。リストを使うと、こういうふうに、入れておいたいろいろなものを切りかえて使ったりすることができるよ。

## 2-4 もし～なら

　食いしんぼうなネコができたところでひと区切りして、今度は「もし～なら」というものについて勉強するよ。これは難しい言葉でいうと条件分岐といって、やっぱりプログラミングではとても大事なものなんだけど、この言葉は難しいからいったん忘れていいよ。ほかのいろいろなプログラミング言語では、ifという命令で扱ったりするよ。

　ではこの「もし～なら」を使って、食いしんぼうなネコにもう少し工夫を加えてみよう。もしいちばん好きな食べものをしゃべるときは「meow」って声が出るなんて、どうだろう。

　ここで、「もし～なら」を使う前に、もう一度、変数を使おう。というのは、乱数を使って選んだ食べものを何度か使いたいから、保存しておきたいよね。変数を使うと、後で使うために保存できるよ。

　「データ」カテゴリで「変数を作る」を選んで、「たべもの」変数をつくろう。

　次に、スペースキーが押されたとき、「たべもの」変数のなかに、リストから1つ選ばれた食べものが入るようにしたい。

　このために、「データ」カテゴリから「たべものを0にする」を選んで「スペースキーが押されたとき」の下に入れよう。そして「0にする」の0の部分に、さっきの「乱数番目（好きなたべもの）」というブロックをはめてみよう。

〈図2-10〉

これでスペースキーを押したとき、たべもの変数に、食べもののどれかが入るようになったよ。

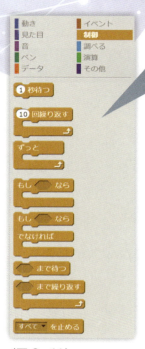

〈図2-11〉

「もし〜なら」のブロックを使って、その食べものがいちばん好きな食べものか、判定するようにしよう。
「もし〜なら」のブロックは「制御」のカテゴリにあるよ。

〈図2-12〉

　もし、食べものがお魚なら、「たべもの」が「おさかな」の部分をつくらなくちゃいけない。そのためのブロックは「演算」のカテゴリにあるよ。

〈図2-13〉

　「□＝□」ブロックがあるね。＝というのは同じということだから、これで食べものがお魚（お魚じゃなくてもいいよ）という意味をつくれるね。
　まず、このブロックを、「もし」と「なら」の間にはめてみよう。

うまくはまったら、今度は＝の左にたべもの変数、右におさかなという文字（いちばん好きな食べもの）を入れてみよう。

〈図 2-14〉

これで「もし～なら」のブロックがうまくできてきたね。

「もし～なら」ブロックには横から見た口のような形の部分があるけど、ここに meow と声が出る命令を入れればいいんだ。
音に関するブロックは「音」カテゴリにあるよ。

〈図 2-15〉

2 プログラミングに共通した基本

17

「meowの音を鳴らす」のブロックが見つかったら「もし~なら」のブロックの口にはめてみよう。

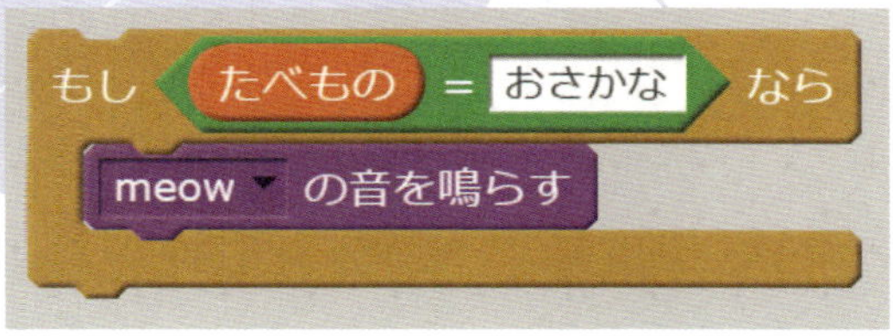

〈図2-16〉

これで今回やりたいことがだいたいできそうだけど、1つ足りないことがあるね。ネコに食べものをしゃべらせなくちゃいけない……。たべもの変数というブロックをつくって最後に付け足そう。

これでうまくいくかな……。うまくいけば、かなり食いしんぼうなネコになったはずだね。

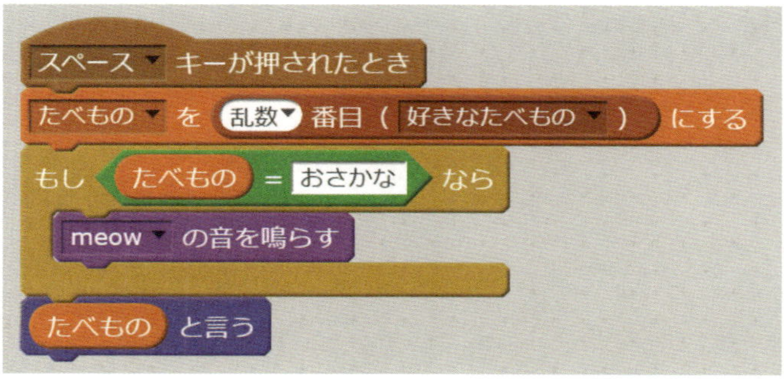

〈図2-17〉

## 2-5 繰り返し

さて今回最後の部分では、繰り返しについて学ぼう。**繰り返し**は**ループ**ともいって、これもプログラミングのなかではよく使われるんだよ。

繰り返しに関するブロックは、「制御」カテゴリにあるよ。今回は「10回繰り返す」を使ってみよう。

「10回繰り返す」をうまくドラッグ・アンド・ドロップして、「スペースキーが押されたとき」の下に入れれば、スペースキーを1回押すだけで10回、食べものについてしゃべるようになるよ。

ただ、このままだと、休むことなく10回しゃべってしまうから、1回ごとに少し休みが入るようにしてみよう……。

「制御」カテゴリに「1秒待つ」のブロックがあるから、それが使えそうだね。これを「たべものと言う」の下に入れてみよう……。今度こそ、自動で10回、食べものをしゃべるネコができたね。

## 2-6 これからもScratchを使ってみてね

ここまででScratchを使って、プログラミングの基本的な部分を体験してきたけど、どうだったかな。みんなががこれから本格的にプログラミングを勉強して、JavaScriptやほかの言語を使うようになったときでも、役に立つような内容を集めたつもりだよ。

この本でのScratchを使った学習はここでおしまいだけど、Scratchを使って、ぜひいろいろなものをつくって遊んでみてほしい。

Scratchはすぐになんでも試しにつくれて、遊べるのがいいところだからね。

## 【プログラムの入力に使うソフトウェアについて】

　この本では、プログラムをつくるのに、Windows のなかにある**メモ帳**というソフトウェアを使うよ。その使いかたについて説明するよ。

### 1. メモ帳を開く

① Windows のパソコンの画面左下にあるマークをクリックする。

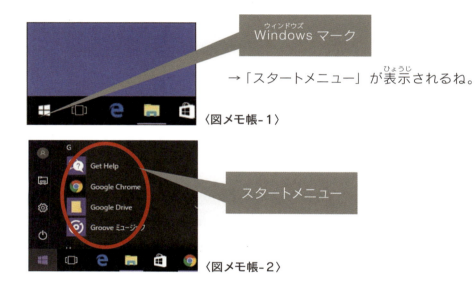

〈図メモ帳-1〉

〈図メモ帳-2〉

② 「スタートメニュー」から「Windows アクセサリ」を探して、クリックする。

〈図メモ帳-3〉

③ 「Windows アクセサリ」のなかにある「メモ帳」をクリックする。

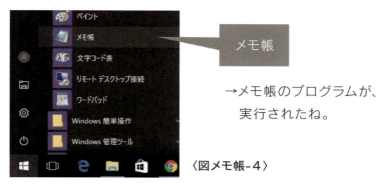

〈図メモ帳-4〉

→メモ帳のプログラムが、実行されたね。

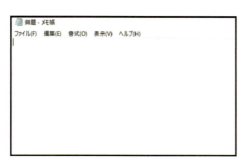

ここにプログラムを入力していくんだよ。

〈図メモ帳-5〉

さらに、それぞれの行が何行目かを表す**行番号**がわかると便利なんだけど、いまの状態だと出てこないよ。

上部メニューの「表示」のなかにある「ステータスバー」にチェックを入れると、ステータスバーに行番号が表示されるようになるよ。

## 2．プログラムを書いたファイルに名前を付ける

プログラムを書いたファイルに名前を付けよう。

① メモ帳の左上のほうにある「ファイル」をクリックする。

② そのなかから、「名前を付けて保存(A)」をクリックする。

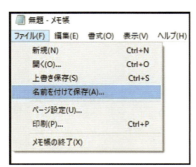

〈図メモ帳-6〉

→「名前を付けて保存」という
ウインドウが表示されたね。

〈図メモ帳-7〉

　プログラムに名前を付けて保存する場合、コンピュータのなかのどこに保存するか、指定する必要があるよ。今回は、デスクトップ（パソコンを立ち上げたときの最初の画面）という、いちばんわかりやすい場所にプログラムを保存しよう。

③　下の図のAの部分で、「デスクトップ」を選ぶ。

④　次に、下のほうにある「ファイル名(N):」にファイル名を入力していく。
　※　「.html」で、HTMLのファイルだとコンピュータは、理解するんだよ。

⑤　「文字コード(E):」は、UTF-8 にしてね。

　コンピュータは、0と1の信号しか理解できないので、文字も0と1を組み合わせて、00111101 のようにして認識しているんだよ。それを文字コードとよんでいるよ。

　この文字コードにはいろいろな種類があるんだ。そのなかでも世界中の多くのソフトウェアで使われている文字コードが UTF-8 なんだよ。

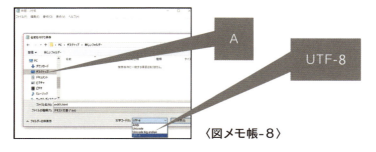

〈図メモ帳-8〉

　これでメモ帳の使いかたは終わりだよ。これからこの本では、メモ帳を使ってプログラムをつくっていくからね！

# DAY 2

## 3. Webプログラミングの世界へようこそ

- 3-1　Webプログラミングってなに？ ……………………… 24
- 3-2　準備 …………………………………………………… 24
- 3-3　ネコを動かしてみよう ………………………………… 25
- 3-4　本当にネコを動かそう ………………………………… 27
- 3-5　数字を変えて遊んでみよう …………………………… 28
- 3-6　使ったファイルについて ……………………………… 28
- 3-7　HTML ………………………………………………… 29
- 3-8　CSS …………………………………………………… 30
- 3-9　JavaScript …………………………………………… 30

## 4. 文字の表示方法と変数という入れ物について

- 4-1　なにもないところからプログラムを書いてみよう …… 31
- 4-2　コンソールに文字を出してみよう …………………… 32
- 4-3　エラーを出してみよう ………………………………… 34
- 4-4　計算について ………………………………………… 34
- 4-5　値 ……………………………………………………… 35
- 4-6　算術演算子 …………………………………………… 35
- 4-7　変数 …………………………………………………… 36
- 4-8　計算してみよう ……………………………………… 36
- 4-9　変数のつくりかたと使いかた ………………………… 37
- 4-10　プログラミングの入口 ……………………………… 38

## DAY 2
# 3 Webプログラミングの世界へようこそ

## 3-1 Webプログラミングってなに？

これまではScratchを使って、プログラミングを勉強してきたけど、ここからはHTML、CSS、JavaScriptというプログラミング言語を使ったWebプログラミングを勉強していこう。

Webプログラミングってなんだろう。

**インターネット**っていう言葉はみんなも聞いたことがあると思うけど、世界中のコンピュータを相互に接続して、情報のやりとりができるようにしたものなんだ。

このインターネットではWWWという技術を使ってたくさんのウェブサイトがつくられていて、みんなが便利に情報を使えるようになっている。ここで活躍しているのが**Webプログラミング**なんだよ。みんなが勉強するHTML、CSS、JavaScriptは、Webサイトを便利にしたり、楽しくしたりするために、たくさん使われているんだ。

Scratchでは、命令のブロックをドラッグ・アンド・ドロップして並べてプログラミングしたね。HTML、CSS、JavaScriptでは全部の命令を文字で書いて、実行することになるよ。

少し難しく感じるかもしれないけど、HTML、CSS、JavaScriptを使えば、慣れていくにつれてどんどん本格的なプログラミングができるようになるよ。

それでも最初は、Scratchで勉強してきたようなやりかたで、プログラミングを試してみたいと思う。いっしょに挑戦してみよう。

## 3-2 準備

これからの説明ではブラウザに「Google Chrome」、テキストエディタ（文章を書くソフトウェアのこと）に「メモ帳」を使っていくよ。

とくにブラウザによっては、動作が変わってくることがあるから注意して準備してね。

## 3-3　ネコを動かしてみよう

この本で使うファイルは、ivページにあるURLからダウンロードできるよ。先に、まとめてダウンロードしておこう。

　ネコを動かす？　HTML、CSS、JavaScriptの世界にもネコがいるの？　いや、ごめん、HTML、CSS、JavaScriptの世界には最初からネコがいるわけじゃないんだ。でもそれだとさびしいから、ネコの絵を描いて、用意してみたよ。

　この3.で使うフォルダ「day1-2_code.zip」を右クリックして、「すべて展開」を選ぼう。すると、同じ場所に「day1-2_code」というフォルダができたかな。これをダブルクリックでどんどん開いていくと、……、index.htmlというファイルができるから、ブラウザで開いてみよう（ダブルクリックで開けるかな？）。

〈図3-1〉

ちょっと見たことがあるような感じのネコが表示されたよね。そして、すごくわかりやすいところにボタンがあるけど……。押してみたかな。そう、このボタン、何も起こらないボタンなんだ。

　これから、このボタンを押したときにネコが動くようにしていこう。

　どこをどうすればいいのかって？　まず、プログラムを書く場所を教えるね。

　今回はdemo.jsというファイルにJavaScriptのプログラムが入っているよ。メモ帳を使って開いてみよう（demo.jsを「開く」の画面で選べるようにするには、右の下のほうにある「テキスト文書（*.txt）」を「すべてのファイル（*.*）」にするよ）。

　こんなふうに書いてある部分があるね（ほかにも書かれているプログラムがあるけど、そこは気にしなくていいよ）。

```
// ボタンが押されたときに実行されるところ
function onButtonClick() {
    //
    // ここにプログラムを書いていこう
    //
}
```

　/（スラッシュ）が2回続けて書かれている箇所があるね。JavaScriptではこういうふうに、プログラムの動きとは関係ない説明を書いておくことができるんだ。別な書き方には /* と */ で文章を囲むやり方もあるよ。覚えておこう。

　「ボタンが押されたときに実行されるところ」……、つまり、ボタンが押されたときに{ }で囲まれた部分のプログラムが実行されるようになっているんだ（しくみはまだわからなくていいよ）。

　そして、「ここにプログラムを書いていこう」って書いてあるね。今回みんなにはこの部分にプログラムを書いていってほしいんだ。

# 3-4　本当にネコを動かそう

　ネコを動かす前に、JavaScriptでいちばん簡単な命令を実行してみよう。何がいちばん簡単か、世界中の人に聞いてみたわけじゃないけど、その1つはきっとalertだと思う。alertは、画面にメッセージを出す命令だよ。

```
// ボタンが押されたときに実行されるところ
function onButtonClick() {
    //
    // ここにプログラムを書いていこう
    //

    alert('これは最初のプログラム');
}
```

> JavaScriptの{ }の間に、こんなふうに書いてみよう。

　JavaScriptでプログラムを書いたら、ちゃんと保存しなくちゃいけない。保存していないものは、ブラウザで実行されないからね。保存するには、「ファイル」メニューから上書き保存を選ぶ（Ctrlキーを押しながらSを押すと、ショートカットキーとよばれるもので、保存をより早く済ませてしまうことができるよ）。

　それから、もう1つ注意が必要なこととして、JavaScriptの内容を保存した後に、ブラウザを一度「再読み込み」しなければいけないってことがある。ブラウザは再読み込みするまでは、前回までのJavaScriptが読み込まれたままなんだ。

　それじゃ、ファイルを保存して、ブラウザを再読み込みしたら、ボタンを押してみよう。画面にきちんとメッセージが表示されたら、これがきみの最初のJavaScriptのプログラムだ。

　次に、今回もネコを動かしてみよう。

　ここでは、文字でプログラムをつくっていく「感じ」をつかんでもらいたいんだ。だから、細かいところは気にしなくていいし、おぼえようとしなくても大丈夫だよ。

　いま書いたalertの文はいったんとってしまっても問題ないよ。毎回メッセージが表示さ

れるといずれはうんざりするだろうから、とっておこう。

```
// ボタンが押されたときに実行されるところ
function onButtonClick() {
    //
    // ここにプログラムを書いていこう
    //

    catLeft += 10;
}
```

今度は alert 文のかわりにこんなふうに書いてみよう。

プログラムを変更したら、保存して、ブラウザを再読み込みするんだったね。うまくいったかな……。そう、Scratch の「10 歩動かす」に似ているね。

## 3-5 数字を変えて遊んでみよう

```
catTop += 10;
rotate += 10;
hue += 10;
```

では、いまやったことに加えて、次のものも試してみよう。
入れかえてもいいし、組み合わせてもいいよ。数字を変えたりしてもいい。
いろいろ試してみて、どんなふうに変わるかみてみよう。

## 3-6 使ったファイルについて

文章でプログラムを書いて、動きかたが変わる感じがわかったかな。
それじゃあ、今回使ったファイルをみていこう。関係があるのは、次の〈図 3-2〉のファイルだね。

〈図 3-2〉

　imagesっていうフォルダには、今回使ったネコの画像が入れてあるんだ。プログラミングが進むと画像が多くなることがあるから、画像はここにまとめて入れておこう。

　それ以外でみると、それぞれ、html、css、jsっていう文字が付いているね。これらは**拡張子**といって、HTML（html）、CSS（css）、JavaScript（js）のファイルなんだということを表しているんだ。この3つの形式のものが、Webプログラミングではそれぞれとても重要なものなんだ。1つひとつどんなものか説明するね。

●なお、ファイルの名前は自由に決められるけど、拡張子には種類ごとに決まりがあるよ。

## 3-7　HTML

　みんながブラウザを使って見るもの、ホームページやWebサイトとよんでいるものは、**HTML**という言語を使って内容が書かれてあるんだ。

　HTMLには、見出しや本文などの文章の構造や、画像を表示する指定、それからほかのページへのリンクなんかが記入されているよ。

　また、HTMLではHTMLタグというもので、その部分でどんな処理で書かれているのかが指定されているんだ。ここは、タイトル、ここは見出し、とかね。

　「それなら、CSSやJavaScriptなんか使わなくても、HTMLファイルだけで足りるんじゃないか」って思うかもしれないね。確かにHTMLのファイルそのものに内容や見えかたについて、どんどん書いていくこともできる。しかし、そうするとHTMLの中身がどんどん読みにくくなってしまうんだ。

　HTMLには、そのページにどんなものがあるのかを、なるべくすっきり書いて、見えかたや、動きなんかについては、次に説明するCSSやJavaScriptというものを使ってつくっていくしくみになっているホームページがほとんどなんだ。

## 3-8 CSS

**CSS（スタイルシート）**では「HTMLで記述した内容がどんなふうに見えるのか」という、見た目に関する設定をするよ。

たとえば、文字がどんな大きさで表示されるか、文章がどんな配置で表示されるかといったことを記述するよ。

さっきもいったように、ホームページの内容についてはHTMLで、その見た目についてはCSSで記述するという役割分担になっているんだよ。

## 3-9 JavaScript

**JavaScript**は、いま、みんなが勉強しようとしているプログラムの部分だよ。

JavaScriptはブラウザで読み込まれて、ブラウザで実行されるプログラムなんだ。

JavaScriptを使うと、HTMLとCSSでつくったページにいろいろな動きや、機能を付けていくことができるんだ。つまり、アイデア次第でいろいろな面白いことができるよ。

> ここまでで、JavaScriptを使ってWebプログラミングをする感じが少しわかったかな。次からは少しくわしく、JavaScriptのことを勉強していくよ。

## DAY 2
# 4 文字の表示方法と変数という入れ物について

## 4-1 なにもないところからプログラムを書いてみよう

　今度はなにもないところからプログラムを書いてみよう。といっても、なるべくすぐに始められるように、空の状態に近いファイルを用意しておいたよ。

　ivページに書いてあるURLからダウンロードしてね（「day1-2_code」のなかの「demo2」を開いてね）。

〈図4-1〉

　index.htmlをダブルクリックでブラウザで開いてみよう……。なにも書いていないまっ白な画面になったね。そう、このHTMLには、なにも本文が書かれていないんだ。ここにJavaScriptを使って、文章を書いてみよう。

　JavaScriptを使えば、HTMLの内容を書きかえることができるよ。

　そのために使う命令は、**document.write()** っていうんだ。

　さて、demo.jsを開いて、そこにこんなふうに書いてみよう。

```
document.write('<h1> ホームページへようこそ </h1>');
```

　プログラムを書きかえたときは、まずは保存して、ブラウザの再読み込みだったね。どうだろう。文章が表示されたかな……。

　じゃあ、いま書いたプログラムを少しくわしくみてみよう。

　document.write() っていうのはHTMLに文字列を追加するための命令なんだ。追加する文字列を後ろのかっこの中に記述するよ。document.writeを使えば、どんな文字列でも追加することができるよ。いま書いたように、HTMLも記述できるんだ。

では、追加している HTML のほうをみてみよう。

文章が ' （シングルクォーテーションというよ）で囲まれているね。

これは、HTML が JavaScript のなかでは、「文字列」として扱われるからなんだ。

**文字列**は JavaScript のデータ型（データの種類のことだよ）の１つで、単語や文章みたいな、文字の連なりを表すよ。JavaScript のなかでは、文字列は ' か、" （ダブルクォーテーションというよ）で囲む決まりになっているんだ。そうしないと、それが文字列なのか、プログラムの命令なのか、わからなくなってしまうからね。

ここまでで、' か " で囲まれた文字列が HTML ということがわかったね。では HTML の中身をみていこう。

まず、<h1> というものがあるね。

この < と > で囲まれているのが、この部分が HTML タグだというしるしなんだ。

後ろの方には </h1> という、h1 の前にスラッシュが入っているものもあるね。

これで、h1 という HTML タグが <h1> から始まって </h1> で終わっているという意味になるんだ。ちなみに、**h1** というのは、そのページのなかでいちばん大きい見出しという意味だよ。このように文章に HTML タグで意味を付けていくことを、**マークアップ**っていうんだ。

それから document.write() の最後に、; （セミコロンというよ）が付いているね。

これは１つの命令の終わりを表すもので、これを付けないときちんと動かなくなってしまうから、忘れずに入れるようにしよう。

## 4−2　コンソールに文字を出してみよう

プログラムをつくっていると、ページの内容を書きかえたり、alert を使ったりせずに、ちょっとした出力の確認なんかをしたいときがある。そんなときに使えるのが `console.log()` っていう、命令なんだ。

この命令を使うと、ブラウザのコンソールという部分に、文字などを出力することができるよ。

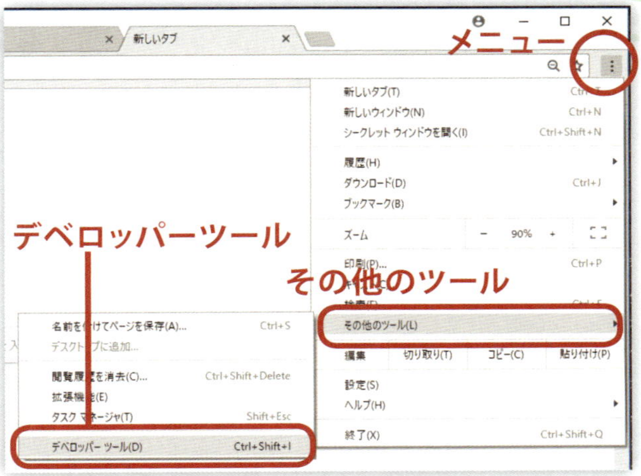

〈図4-2〉

Google Chromeのコンソールを開いてみよう。

まずGoogle Chromeの右上のメニューから、「その他のツール」を探し、さらにそこから開く一覧のなかの「デベロッパーツール」というのをクリックしよう。

これはWebサイトの開発者向けのツールで、プログラマーにとっていろいろ便利な機能があるものなんだ。

その中で、Consoleというタブを見つけられたら、クリックしよう。

〈図4-3〉

これがコンソールの画面だ。これからここにメッセージを出してみるよ。

JavaScriptのファイルに、さっきの続きでいいから、こんなふうに記述してみよう。

```
console.log(' ページにHTMLを追加しました ');
```

document.write()とだいたい同じ文の形をしているね。' で囲まれた部分は文字列だよ。

準備ができたら、ファイルを保存して、ブラウザも再読み込みして、実行してみよう。

コンソール画面に文字が表示されたかな……。このテクニックは、この先のJavaScriptのプログラミングでよく使われるものだから、おぼえておいてね。

## 4-3 エラーを出してみよう

　人がプログラミングをするときに、なにもまちがえないで進められることなんてほとんどない。必ず何か所かまちがいをして、それがエラーになって、プログラムが正しく動かなくなる。そんなときに、エラーに対してどうすればいいかがわからなければ、「もういやだ！」って思ってしまうかもしれないね。

　ここでは、いったんわざとエラーを出してみるから、どうするかを考えてみよう。

　では、最初のdocument.write()の文がまだ残っていたら、こんなふうに変えてみよう。

```
document.write('<h1> ホームページへようこそ </h1>);
```

　これは、よく見ると、文字列の後ろを ' で閉じるのを忘れているね。この状態で実行するとどうなるだろう……。

　まず画面に文字が表示されなくなってしまうね。

　そしてコンソール画面には、赤い字でエラーが表示されるよ。本当はここに表示されている英語を読むとエラーの種類がわかるんだけど、いまはいちばん右をみてみよう。

　demo.js:1 って書いてあるかな。これは「demo.jsというファイルの1行目でエラーが出た」っていう意味なんだ。

　ここに書かれている箇所をチェックすると、まちがいに気づくことが多いから、活用してみよう（いまのエラーは直しておこう）。

## 4-4 計算について

　コンピュータにとって得意なこと、その1つはやっぱり計算だね。コンピュータは難しい計算でも、人とはくらべものにならないくらい、速く、正確に処理することができる。

　計算はプログラムにも深くかかわっていて、プログラミングの多くの場面で計算を使う機会が出てくるんだよ。

　ここではJavaScriptで行う計算について考えてみよう。

　JavaScriptで計算を行うときは、「値」と「算術演算子」と「変数」という3つの要素が

使われる。それぞれをくわしくみてみよう。

## 4－5 値

**値**とは、プログラムのなかに出てくるデータのことだよ。計算に使うデータというと、数字（数値）を思い浮かべるね。JavaScriptでは数値のほかにも、文字列や真偽値というような値の種類も出てくるよ。

**数値**は30とか、－2とか、0.5っていう特定の数のことだね。一般的な四則演算（足す、引く、かける、わる）には、この数値が使われるよ。

**文字列**は、`document.write()`で使ったような、文字の連なりのことだったね。

**真偽値**っていうのはちょっと難しいけど、あることが正しいか、正しくないか、それを表す値なんだ。「正しい」はtrue、「正しくない」はfalseで表されるよ（いまはおぼえなくても大丈夫だよ）。

## 4－6 算術演算子

**算術演算子**は算数で使う、計算記号と同じようなものだよ。JavaScriptでは次のようなものが用意されているよ。

+ 足し算
－ 引き算
* かけ算
/ わり算
% わり算のあまり

見慣れているものがあったかな。でも、少し違っているものもあるね。

## 4-7 変数

**変数**は、値を入れておく箱のようなものだよ。値と算術演算子だけでも計算はできるけど、プログラミングで複雑な処理を記述する場合には、計算結果などを一時的に入れておく変数が必要になってくるんだ。

変数のつくりかたと使いかたについては、後で説明するね。

## 4-8 計算してみよう

それでは、実際にJavaScriptを使って計算をしてみよう。

### 足し算、引き算をしてみよう

```
console.log(3 + 2);
console.log(8 - 4);
```

console.log()を使って、計算結果を確認しよう。

### かけ算、わり算をしてみよう

```
console.log(5 * 3);
console.log(14 / 2);
```

きみのオリジナルな計算もやってみよう。

console.log()を使って、計算結果を確認しよう。

## 4-9 変数のつくりかたと使いかた

変数も使ってみよう。
**変数**は一時的に値を入れておく入れ物で、計算にも使うことができるんだ。

変数をつくるには、まず名前を決める必要がある（Scratch のときと同じだね）。変数の名前にはアルファベットと数字を使うことができるけど、ただし、数字から始まる名前にすることはできないよ。

名前を決めたら次に、その変数を使うことを宣言する必要がある。こんな風に var の後に変数の名前を書くと、変数の宣言をしたことになるよ。

```
var x;
```

それから、こんなふうに、宣言と同時に値を入れることもできる。

```
var x = 5;
```

「変数は、宣言してから使う」ということをおぼえてね。

それでは変数を使った計算をしてみよう。

```
var x = 10;
var y = 20;
```

とすると、2つの宣言をしたことになるね。

この2つの変数を使って計算することができるよ。

```
console.log(x + y);
```

結果をみてみよう。

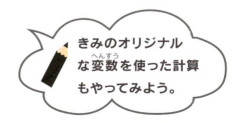

きみのオリジナルな変数を使った計算もやってみよう。

## 4-10　プログラミングの入口

少しはや足になったけど、JavaScriptで単純な命令を実行したり、変数を使った計算をすることができたかな。

次からは、もっとJavaScriptのいろいろな機能について勉強していこう。

# DAY 3

## 5. どっちを実行するか選ぶ（if）

5-1 「if」という構文 ········································ 40
5-2 おみくじ ··················································· 42

## 6. 繰り返し処理をする（for） ························· 44

DAY 3
## 5 どっちを実行するか選ぶ(if)

### 5-1 「if」という構文

ifは、「もし○○だったらどうする」、とか「○○じゃなかったらどうする」といった判断をするための書きかただよ。

たとえばコンビニに行ってマンガを買いたいとしよう。ちょっと考えてみても、いくつかのことがそろわないと、マンガを買うことができないよね。

- ・コンビニへ買い物に行く時間
- ・マンガを買うことができるお金
- ・コンビニにほしいマンガが置いてある

などだね。

少しプログラムっぽく書くと

- ・もし、いまコンビニへ買い物に行く時間があるなら、コンビニにマンガを買いにいく。
- ・もし、マンガを買うことができるお金をもっていたら、コンビニにマンガを買いにいく。
- ・もし、コンビニにほしいマンガが置いてあれば、コンビニでマンガを買って帰る。

ifを使ってプログラムっぽく書くと

```
if ( コンビニへ買い物に行く時間がある ) { コンビニにマンガを買いにいく }
if ( マンガを買うことができるお金をもっている ) { コンビニにマンガを買いにいく }
if ( コンビニにほしいマンガが置いてある ) { コンビニでマンガを買って帰る }
```

と、こうなるんだ。

じゃあ、次は

・コンビニにほしいマンガが置いてない場合は、食べたいおかしを買って帰る。

これを付け加えてプログラムの形に書きかえていくよ。

・もし、コンビニにほしいマンガが置いてあれば、コンビニでマンガを買って帰る。
　置いてなければ、食べたいおかしを買って帰る。

「もし○○じゃなかった」という場合はelseという文字を使うんだ。ifとelseを使ってプログラムっぽく書くと

if（コンビニにほしいマンガが置いてある）{ コンビニでマンガを買って帰る }
else { 食べたいおかしを買って帰る }

となるんだ。

　これで「コンビニにほしいマンガが置いてある」場合は、マンガを買って帰る。そうでない場合、つまり「コンビニにほしいマンガが置いてない」場合は、食べたいおかしを買って帰るという、2つのパターンにふり分けたね。

　また、elseは続けることができるよ。今度は食べたいおかしがなかったら、飲みたいジュースを買って帰る。飲みたいジュースもなければ、なにも買わないで帰ることにしよう。

　これをプログラムっぽく書くと

if（コンビニにほしいマンガが置いてある）{ コンビニでマンガを買って帰る }
else if（コンビニに食べたいおかしがある）{ 食べたいおかしを買って帰る }
else if（コンビニに飲みたいジュースがある）{ 飲みたいジュースを買って帰る }
else { なにも買わないで帰る }

　少し読みにくくなったので、読みやすく整えるね。実際に、プログラムを書くときも、できるだけ読みやすく整えるように心がけよう。

```
if （コンビニにほしいマンガが置いてある）{
    コンビニでマンガを買って帰る
} else if （コンビニに食べたいおかしがある）{
    食べたいおかしを買って帰る
} else if （コンビニに飲みたいジュースがある）{
    飲みたいジュースを買って帰る
} else {
    なにも買わないで帰る
}
```

こうすると読みやすくなるね。

if に続く（ ）のなかが正しければ、その後に続く{ }のなかを行う。さらに else がある場合は、正しくない場合に else に続く{ }のなかを行う。else がない場合は、なにもしない、となるよ。

## 5-2 おみくじ

```
<script>
var x = Math.floor(Math.random() * 5);

if (x == 0) {
    document.write(" 大吉 ");
} else if (x == 1) {
    document.write(" 中吉 ");
} else if (x == 2) {
    document.write(" 小吉 ");
} else if (x == 3) {
    document.write(" 吉 ");
} else if (x == 4) {
    document.write(" 凶 ");
}
</script>
```

このプログラムは簡単なおみくじになっているよ。
実際に自分で書いて、やってみよう。

まず変数 x を用意するよ。このときに関数 Math.random と Math.floor を組み合わせて、0 から 4 のどれかの数字が x に入るようにするよ。

> **メモ**
> Math.random() は 0 から 1 未満の間のいずれかの数値が返る関数だよ。
> Math.floor() は小数点以下を切り捨てて整数にする関数だよ。

= を並べた == を使って x と数字が同じかを判断するよ。ここで、== は比較演算子というんだ。

> **メモ**
> 比較演算子には、いくつか種類があるよ。
> 　　　a == b　……　a と b は同じ
> 　　　a < b　……　a は b より小さい
> 　　　a > b　……　a は b より大きい

それではブラウザの表示を**更新**（プログラムをあらためて読み込むことだよ）してみよう。更新するたびに違う答えが出てくるね。

〈図 5-1〉

## DAY 3
## 6 繰り返し処理をする(for)

人が生活しているなかで、毎日繰り返して行うことや、毎週繰り返して行うことがあるよね。

たとえば朝起きたら歯みがき。歯みがきしない人もいる？　かもしれないけど、むし歯や歯ぐきの病気にならないためには、歯みがきはしたほうがいいね。

ほかにも、朝ごはんを食べたり、学校に行ったり、給食を食べたり……、毎日同じことを繰り返すね。

JavaScriptのプログラミングでは、繰り返しで同じことを行うとき、forというものを使うよ。じゃあ、1つ例をあげてみよう。

> 好きなアニメを初回から最終回まで、毎週木曜日の夜7時になったら録画する。

これをプログラムっぽくしてみよう。

> 初回は木曜日の夜7時。
> 放送が最終回まで、アニメを録画する。
> 次の木曜日の夜7時へ時間を進める。

こんな感じ、もう少しプログラムっぽく書くと

```
for（初回は木曜日の夜7時；放送が最終回まで；次の木曜日の夜7時へ）{
    アニメを録画する
}
```

放送が最終回になるまで、{ }のなかをいつまでも繰り返して処理をするよ。
（　）のなかは；で3つに区切られていて、それぞれに意味があるんだ。

最初の区切りははじめに決めておく値を入れておくよ。
次の2つ目の区切りには、後に続く{ }のなかを処理するか、それともforの実行を終えるかの判断を書くよ。この判断のところの書きかたはifの（　）のなかと同じだよ。
最後の区切りでは、次の判断をするために必要な値を計算するよ。

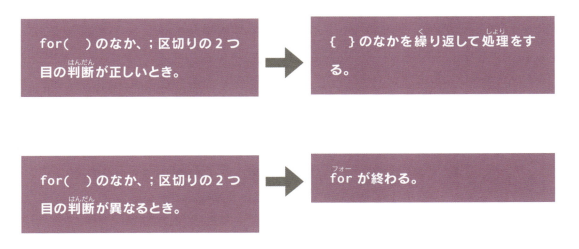

このようになっているよ。forがわかったかな？

テレビの録画の設定で、好きなアニメを毎週録画をするっていう設定をしたことがあるかな？　このとき、機械のなかでは上のようなプログラムが組まれているんだ。

次に、1から10までを書き出すプログラムをつくってみよう。

> **メモ**
> `i++` は 1 回終わるごとに 1 つずつ足していくということを表しているよ（`i=i+1` も同じ意味だよ）。

```
<script>
for ( var i = 1; i <= 10; i++) {
    document.write( i + "<br>");
}
</script>
```

> **メモ**
> （ ）のなかの意味を説明するよ。
> `var i = 1` は、「数字の 1 を入れた変数 i を用意する」という意味。
> `i <= 10` は、i が 10 以下の間、`for` を実行するという意味。
> `i++` は、i を 1 つずつ増やすという意味。

`<br>` は 改行を表しているよ。だから、`<br>` をプログラムに入れても、`<br>` 自体は結果に表示されず、その次に表示されるはずの文字が 1 行下の左端から表示されるよ。

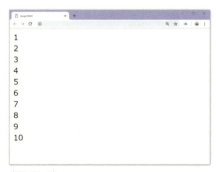

〈図 6-1〉

では、このプログラムを参考にして、1 から 15、1 から 30 までを書き出すプログラムをつくってみよう。

# DAY 4

7. 同じ目的のデータを入れる入れ物（配列）････ 48
8. プログラムから違うプログラムをよび出す（関数）
　･･････････････････････････････････････････ 51

# 同じ目的のデータを入れる入れ物（配列）

DAY 4
7

人には1人ひとりに名前があるよね。まやちゃんとか、すずかちゃん、けんたろうくん、しゅうくん、……とかね。

その1人ひとりは、学校に通っているとしたら、教室に入っているよね？　1組、2組、それとも3組かな。

このときの、教室ごとにみんなの名前を順に並べた表のようなものを、プログラミングでは<u>配列</u>とよぶんだ。1組の何番目にはだれちゃん、2組の何番目にはだれちゃん、……みたいにね。

少しプログラムっぽく書くと

```
1組：まやちゃん、すずかちゃん、けんたろうくん、しゅうくん
2組：あすかちゃん、めぐみちゃん、ショータローくん、たかのりくん
3組：さおりちゃん、ゆみこちゃん、しょうじくん、つかさくん
```

もっとプログラムっぽく書くと

```
1組 = ['まやちゃん','すずかちゃん','けんたろうくん','しゅうくん']
2組 = ['あすかちゃん','めぐみちゃん','ショータローくん','たかのりくん']
3組 = ['さおりちゃん','ゆみこちゃん','しょうじくん','つかさくん']
```

さらに、きちんとしたプログラムとして書くと

```
var first  = ['まやちゃん',' すずかちゃん',' けんたろうくん',' しゅうくん'];
var second = [' あすかちゃん',' めぐみちゃん',' ショータローくん',' たかのりくん'];
var third  = [' さおりちゃん',' ゆみこちゃん',' しょうじくん',' つかさくん'];
```

と、なるんだ。

　first, second, third がそれぞれの配列に付けた名前だよ。このように数字や文字などを順に並べた配列を、プログラミングではそれぞれに名前を付けて使うんだよ。

　このなかから値として名前を取り出すときは、書いた順の番号（上から順番に付けた番号）を使って取り出すことができるんだ。その番号のことを添え字というんだ。添え字は、最初は 0 から始まるから注意しよう。

　なので、first[0] とすると ' まやちゃん '、first[1] は ' すずかちゃん ' になるんだね。プログラムで友だちを書き出すプログラムを書いてみよう。

```
var first  = ['まやちゃん',' すずかちゃん',' けんたろうくん',' しゅうくん'];
var second = [' あすかちゃん',' めぐみちゃん',' ショータローくん',' たかのりくん'];
var third  = [' さおりちゃん',' ゆみこちゃん',' しょうじくん',' つかさくん'];

document.write('1 組 <br>');
document.write(first[0] + '<br>');
document.write(first[1] + '<br>');
document.write(first[2] + '<br>');
document.write(first[3] + '<br>');
document.write('<br>');

document.write('2 組 <br>');
document.write(second[0] + '<br>');
document.write(second[1] + '<br>');
document.write(second[2] + '<br>');
document.write(second[3] + '<br>');
document.write('<br>');
```

```
document.write('3組 <br>');
document.write(third[0] + '<br>');
document.write(third[1] + '<br>');
document.write(third[2] + '<br>');
document.write(third[3] + '<br>');
document.write('<br>');

</script>
```

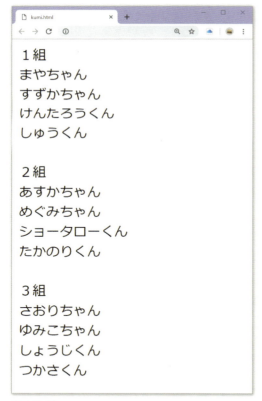

〈図7-1〉

それではこのプログラムを参考に、クラブ活動や仲よしの友だちを配列にして表示するプログラムをつくってみよう。

## DAY 4 - 8 プログラムから違うプログラムをよび出す（関数）

プログラムを書いていると、部分的に同じようなことを何回も書いたり、そのせいで長くなって読みにくくなったりすることがあるよ。そんなときは**関数**っていう方法を使って、同じ処理を1つにまとめたり、ある処理の部分を別の場所に書いたりするんだ。

それでは、こんなプログラムを書いてみよう。

> 日曜日から土曜日まで、それぞれの曜日ごとに違う文字を表示する。

まず、配列 week に曜日を入れてみよう。

```
var week = ['日曜日',' 月曜日',' 火曜日',' 水曜日',' 木曜日',' 金曜日',' 土曜日'];
```

次に for で曜日を繰り返そう。

```
for (var i = 0; i <= 6; i++) {
    document.write(week[i] + '<br>');
}
```

これで、それぞれの曜日が表示されるよ。

次に、曜日ごとに異なる文字を表示させよう。

日曜日だったら、今日は休みだ！うれしいな。

月曜日だったら、今日から１週間学校だ。がんばろう。

火曜日だったら、今日はカレーの日だ。

水曜日だったら、今日は大好きなアニメの日！うれしいな。

木曜日だったら、クラブ活動楽しいな。

金曜日だったら、明日は土曜日、学校あったっけ？

土曜日だったら、明日は日曜日、なにして遊ぼうかな。

まず、ifを使って曜日ごとに表示する内容を書き分けてみよう。

```
if (youbi == '日曜日') {
    document.write(youbi + '：今日は休みだ！うれしいな。<br>');
} else if (youbi == '月曜日') {
    document.write(youbi + '：今日から１週間学校だ。がんばろう。<br>');
} else if (youbi == '火曜日') {
    document.write(youbi + '：今日はカレーの日だ <br>');
} else if (youbi == '水曜日') {
    document.write(youbi + '：今日は大好きなアニメの日！うれしいな。<br>');
} else if (youbi == '木曜日') {
    document.write(youbi + '：クラブ活動楽しいな。<br>');
} else if (youbi == '金曜日') {
    document.write(youbi + '：明日は土曜日、学校あったっけ。<br>');
} else if (youbi == '土曜日') {
    document.write(youbi + '：明日は日曜日、なにして遊ぼうかな。<br>');
}
```

さて、この曜日に合わせて文字を返す部分を、関数にしてみるよ。

関数の基本形はこれ。

**メモ**
function
ここが関数であることを表しているよ。

**メモ**
week_day：
関数の名前だよ。
関数は自由に名前を付けることができるよ。
ただし、ほかの変数や関数と同じ名前にならないようにしようね。

```
function week_day(youbi) {
    var rtn = youbi;
    return rtn;
}
```

**メモ**
youbi：
引数とよばれる部分だよ。引数は、関数のなかで使いたい値（いまの場合、月曜日とか、火曜日とかのことだよ）に名前を付けてわたすことができるんだ。
引数も自由に名前を付けることができるよ。ただし、ほかの変数や関数と同じ名前にならないようにしようね。

**メモ**
返り値：
関数でつくられた値は、return の後ろに書くことにより よび出し元に返すことができるんだ。いまの場合、関数のなかで用意された rtn の値を返しているね。

8 プログラムから違うプログラムをよび出す（関数）

DAY 4

```
function week_day(youbi) {

    var rtn;

    if (youbi == '日曜日') {
        rtn = youbi + ':今日は休みだ!うれしいな。<br>';
    } else if (youbi == '月曜日') {
        rtn = youbi + ':今日から1週間学校だ。がんばろう。<br>';
    } else if (youbi == '火曜日') {
        rtn = youbi + ':今日はカレーの日だ。<br>';
    } else if (youbi == '水曜日') {
        rtn = youbi + ':今日は大好きなアニメの日!うれしいな。<br>';
    } else if (youbi == '木曜日') {
        rtn = youbi + ':クラブ活動楽しいな。<br>';
    } else if (youbi == '金曜日') {
        rtn = youbi + ':明日は土曜日、学校あったっけ。<br>';
    } else if (youbi == '土曜日') {
        rtn = youbi + ':明日は日曜日、なにして遊ぼうかな。<br>';
    }

    return rtn;

}
```

　document.write は、関数をよび出したところで書けばよいので、ここでは答えを返す変数 rtn に文字を入れているよ。

では、全体で書いてみると

```
<script>

var week = ['日曜日','月曜日','火曜日','水曜日','木曜日','金曜日','土曜日'];

for (var i = 0; i <= 6; i++) {
    document.write(week_day(week[i]) + '<br>');
}

function week_day(youbi) {

    var rtn;

    if (youbi == '日曜日') {
        rtn = youbi + ':今日は休みだ!うれしいな。<br>';
    } else if (youbi == '月曜日') {
        rtn = youbi + ':今日から1週間学校だ。がんばろう。<br>';
    } else if (youbi == '火曜日') {
        rtn = youbi + ':今日はカレーの日だ。<br>';
    } else if (youbi == '水曜日') {
        rtn = youbi + ':今日は大好きなアニメの日!うれしいな。<br>';
    } else if (youbi == '木曜日') {
        rtn = youbi + ':クラブ活動楽しいな。<br>';
    } else if (youbi == '金曜日') {
        rtn = youbi + ':明日は土曜日、あったっけ。<br>';
    } else if (youbi == '土曜日') {
        rtn = youbi + ':明日は日曜日、なにして遊ぼうかな。<br>';
    }

    return rtn;
}

</script>
```

日曜日：今日は休みだ！うれしいな。

月曜日：今日から1週間学校だ。がんばろう。

火曜日：今日はカレーの日だ。

水曜日：今日は大好きなアニメの日！うれしいな。

木曜日：クラブ活動楽しいな。

金曜日：明日は土曜日、学校あったっけ。

土曜日：明日は日曜日、なにして遊ぼうかな。

〈図 8-1〉

　結果は、こうなるよ。
　このプログラムを参考にして、曜日を日にちに変えたりしてプログラムを実行してみよう。

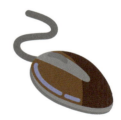

# DAY 5

## 9. オブジェクトってなんだ？
9-1 オブジェクトとは ・・・・・・・・・・・・・・・・・・・・・・・・・・・・・・・・・ 58
9-2 「タイミングをはかる」ゲームをつくろう ・・・・・・・・・・・・・ 61

## 10. オブジェクトを動かしてみよう ・・・・・・・・・・・・ 66

## DAY 5
# 9 オブジェクトってなんだ？

「タイミングをはかる」ゲームをつくりながら、オブジェクトについて考えてみようね。

## 9-1 オブジェクトとは

これまでの学習では、数字や文字などの値（あたい）が入る変数（へんすう）、そしてプログラムが動くことにより結果（けっか）が得（え）られる関数（かんすう）というものを学んだね。

そして変数（へんすう）には配列といって、いくつもの数字や文字などの値（あたい）を出し入れする書き方もあったね。

配列を書くときは、たとえば次のように書いたよね。

```
var first  = ['まやちゃん','すずかちゃん','けんたろうくん','しゅうくん'];
var second = ['あすかちゃん','めぐみちゃん','ショータローくん','たかのりくん'];
var third  = ['さおりちゃん','ゆみこちゃん','しょうじくん','つかさくん'];
```

今度は、これを順番（じゅんばん）に表示（ひょうじ）していくために、1つの配列にまとめるよ。

そして、名前にプラスして年れいも含（ふく）めてみるね。

ここで、配列の名前は gonen（ごねん）にするね。

まずは、それぞれのデータの位置をスペース（空き）を入れて、そろえた文字で表してみよう。

```
var gonen= [
    '1組  まやちゃん           10歳',
    '1組  すずかちゃん         11歳',
    '1組  けんたろうくん       10歳',
    '1組  しゅうくん           10歳',
    '2組  あすかちゃん         11歳',
    '2組  めぐみちゃん         10歳',
    '2組  ショータローくん     10歳',
    '2組  たかのりくん         11歳',
    '3組  さおりちゃん         10歳',
    '3組  ゆみこちゃん         11歳',
    '3組  しょうじくん         10歳',
    '3組  つかさくん           11歳' ];
```

これでも1つの配列になるけど、できれば組、名前、年れいをそれぞれ分けて表すほうが便利だよね。では、データを組、名前、年れいに分けるためにそれぞれのデータに名前を付けてみよう。

このデータを区別するために付ける名前を**プロパティ名**というよ。

それではプロパティ名を決めていくね。アルファベットと数字しか使わないとしたらローマ字読みにするとわかりやすいね。

```
組は  kumi  にするね。
名前は  namae  にするね。
年れいは  toshi  にするね。
```

このプロパティ名と値の組み合わせを**プロパティ**というんだ。

プロパティの書き方は、**プロパティ名:'値'** というように、プロパティ名の次に:（コロンというよ）、その後ろにデータの値を書くんだよ。

たとえば組の書き方は、1組だったら**kumi:1**、2組は**kumi:2**になるんだ。

プロパティの値には、文字や数字だけでなく配列など、なんでも組み合わせることができるんだ。

そして、プロパティを組み合わせたものを**オブジェクト**というんだ。

たとえば、配列の最初の '1組 まやちゃん 10歳' は、オブジェクトとして書くと、
　　　{kumi:1, namae:' まやちゃん ', toshi:10} になるんだね。

{ } は波かっこ、または中かっこ、ブレスというよ。

次のように配列としてデータを変数 seito に取り出すとどうなるかな？
var seito = gonen[0];

ちなみに、まだ、データがオブジェクトになっていない文字のとき、seito の値は

```
'1組　まやちゃん　　10歳'
```

だったね。これをオブジェクトにすると、

```
{kumi:1, namae:' まやちゃん ',  toshi:10}
```

このようなプロパティ3つの組み合わせになるよ。

では、単純な文字の並びだった配列をオブジェクトで書いてみるよ。

```
var gonen = [
    {kumi:1, namae:' まやちゃん ',       toshi:10},
    {kumi:1, namae:' すずかちゃん ',     toshi:11},
    {kumi:1, namae:' けんたろうくん ',   toshi:10},
    {kumi:1, namae:' しゅうくん ',       toshi:10},
    {kumi:2, namae:' あすかちゃん ',     toshi:11},
    {kumi:2, namae:' めぐみちゃん ',     toshi:10},
    {kumi:2, namae:' ショータローくん ', toshi:10},
    {kumi:2, namae:' たかのりくん ',     toshi:11},
    {kumi:3, namae:' さおりちゃん ',     toshi:10},
    {kumi:3, namae:' ゆみこちゃん ',     toshi:11},
    {kumi:3, namae:' しょうじくん ',     toshi:10},
    {kumi:3, namae:' つかさくん ',       toshi:11}  ];
```

名前に続けて年れいを表示するときにくっつきすぎないように、見やすいようにスペースを入れておくよ。上のプログラムでは、見やすくそろえるためにスペースを多めに入れているけど、1つでも大丈夫だよ。

## 9-2 「タイミングをはかる」ゲームをつくろう

ここまでに説明したオブジェクトを使って、ゲームをつくってみよう。

〈図 9-1〉

〔ゲームの説明〕

> STARTボタンを押すと説明が表示される。
> OKボタンを押してゲームを開始させる。

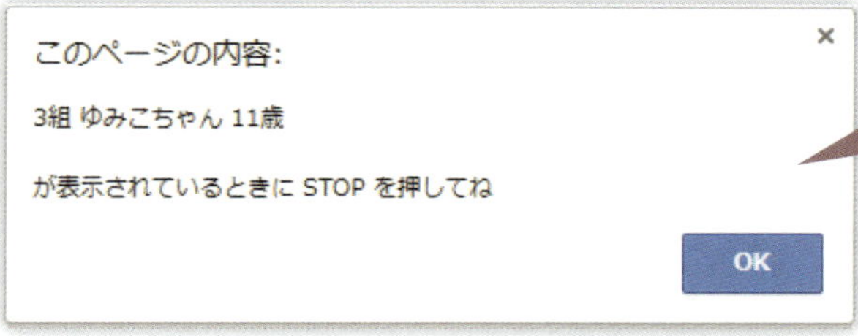

〈図 9-2〉

> 表示される名前が変わっていくので、最初に表示された名前の出るタイミングに合わせてSTOPボタンを押すんだよ。
>
> それでは、メモ帳を開いて次のプログラムを入力していこう。

〈図 9-3〉

## 【プログラム】namae.html

```html
1   <!doctype html>
2   <html>
3   <head>
4     <meta charset='utf-8'>
5
6     <title> 名前をあてよう </title>
7
8   <style 'type=text/css'>
9   body {
10    text-align: center;
11  }
12  </style>
13
14  <script>
15
16  // 各クラスから4人ずつのオブジェクトデータ
17  var gonen = [
18      {kumi:1, namae:' まやちゃん ',        toshi:10},
19      {kumi:1, namae:' すずかちゃん ',      toshi:11},
20      {kumi:1, namae:' けんたろうくん ',    toshi:10},
21      {kumi:1, namae:' しゅうくん ',        toshi:10},
22      {kumi:2, namae:' あすかちゃん ',      toshi:11},
23      {kumi:2, namae:' めぐみちゃん ',      toshi:10},
24      {kumi:2, namae:' ショータローくん ',  toshi:10},
25      {kumi:2, namae:' たかのりくん ',      toshi:11},
26      {kumi:3, namae:' さおりちゃん ',      toshi:10},
27      {kumi:3, namae:' ゆみこちゃん ',      toshi:11},
28      {kumi:3, namae:' しょうじくん ',      toshi:10},
29      {kumi:3, namae:' つかさくん ',        toshi:11} ];
30
31  var sp;          // タイマーを管理する変数
32  var save  = 0;   // START ボタンを押した時の添え字番号
33  var index = 0;   // 配列からデータを取り出す添え字番号
34
35  // 配列から添え字番号のオブジェクト取り出し
36  // データを整えて返す
37  function getData() {
38
39      // 配列 gonen から 指定した添え字番号のデータを取り出す
40      var seito=gonen[index];
41
42      // 文字列の変数に 組と名前をつないで入れる
43      var str = seito.kumi + ' 組 ' + seito.namae;
44
```

次のページに続く→

```
45          // 最後に歳を付けて返す
46          return  str + seito.toshi + ' 歳 ';
47
48      }
49
50      // 表示処理
51      function loopup() {
52
53          // 添え字番号を 1 つ進める
54          index = index + 1;
55          if (gonen.length <= index) {
56              index = 0; // 配列の最後に達したら 0 にもどす
57          }
58
59          // 添え字番号のデータを取り出す
60          var str = getData();
61
62          // ID が hyouji の場所に表示する
63          document.getElementById('hyouji').innerHTML = str;
64      }
65
66      function start() {
67
68          // 結果が表示されていれば消す
69          document.getElementById('kekka').innerHTML = '';
70
71          // ボタンの表示状態を変える
72          document.getElementById('start').disabled = true;
73          document.getElementById('stop' ).disabled = false;
74
75          // 最初の添え字番号を決める
76          index = Math.floor(Math.random() * gonen.length);
77
78          // 添え字番号の値を保存する
79          save = index;
80
81          // 添え字番号のデータを取り出す
82          var str = getData();
83
84          // メッセージを表示する。
85          alert(str + '\r\n が表示されているときに STOP を押してね ');
86
87          // 500 ミリ秒表示間かくを空ける
88          sp=setInterval(loopup, 500);
```

```
 89
 90        }
 91
 92        function stop() {
 93
 94            clearInterval(sp);
 95
 96            // ボタンの表示状態をもどす
 97            document.getElementById('start').disabled = false;
 98            document.getElementById('stop' ).disabled = true;
 99
100            if (save   ==   index) {
101                // START ボタンを押した時に保存した値と添え字番号が同じ場合
102                document.getElementById('kekka').innerHTML = ' ぴったりだよ！';
103            } else {
104                document.getElementById('kekka').innerHTML = ' ざんねんでした ';
105            }
106        }
107
108    </script>
109
110    </head>
111
112    <body>
113
114        <br> <!-- 改行 -->
115
116        <h1> 名前をあてよう </h1>
117
118        <br> <!-- 改行 -->
119
120        <div id='hyouji'> START を押すと説明を表示するよ </div>
121
122        <br> <!-- 改行 -->
123
124        <div id='kekka'></div>
125
126        <br> <!-- 改行 -->
127
128        <input type='button' id='start' value='START' onclick='start();'>
129        <input type='button' id='stop' value='STOP' onclick='stop();' disabled>
130
131    </body>
132    </html>
```

「HTML」「CSS」「JavaScript」を1つのファイルにまとめる方法を説明するよ。

入力が終わったらファイル名をnamae.htmlにして保存してね。

文字コードが選べる場合は、UTF-8を選んでから保存してね。

〈図9-4〉

きちんと保存されると、左のようなアイコンになって表示されるよ

〈図9-5〉

## DAY 5
## 10 オブジェクトを動かしてみよう

順に説明するよ。

```
<!doctype html>
<html>
<head>
  <meta charset='utf-8'>

  <title>名前をあてよう</title>

<style 'type=text/css'>
body {
  text-align: center;
}
</style>
```

`<!doctype html>` は、このファイルがHTMLという書き方であることを表しているんだ。

そして `<html>` から `</html>` までが、HTMLという書き方で表されているんだよ。さらに、そのなかで `<head>` から `</head>` までは、本文が表示される前に、いくつかの決めごとを書いておく部分なんだよ。

`<meta charset='utf-8'>` は、このファイルの文字コードがUTF-8であること表しているよ。

`<title>名前をあてよう</title>` は、このファイルの内容が表示されるとき、ブラウザの上のほうに表示される文字列（タイトル）なんだよ。

<style 'type=text/css'>から</style>まではCSS（スタイルシート）といって、画面への表示方法が書いてある部分だよ。次の章でくわしく説明するよ。ここでは画面の中央に表示する設定だけ書いてあるよ。

```
<script>

// 各クラスから4人ずつのオブジェクトデータ
var gonen = [
    {kumi:1, namae:'まやちゃん    ',    toshi:10},
    {kumi:1, namae:'すずかちゃん   ',    toshi:11},
    {kumi:1, namae:'けんたろうくん ',    toshi:10},
    {kumi:1, namae:'しゅうくん    ',    toshi:10},
    {kumi:2, namae:'あすかちゃん   ',    toshi:11},
    {kumi:2, namae:'めぐみちゃん   ',    toshi:10},
    {kumi:2, namae:'ショータローくん ', toshi:10},
    {kumi:2, namae:'たかのりくん   ',    toshi:11},
    {kumi:3, namae:'さおりちゃん   ',    toshi:10},
    {kumi:3, namae:'ゆみこちゃん   ',    toshi:11},
    {kumi:3, namae:'しょうじくん   ',    toshi:10},
    {kumi:3, namae:'つかさくん    ',    toshi:11} ];

var sp;             // タイマーを管理する変数
var save  = 0;      // STARTボタンを押した時の添え字番号
var index = 0;      // 配列からデータを取り出す添え字番号
```

<script>から</script>までは、ここにJavaScriptのプログラムが書かれていて、順番に処理されるんだったね。

このプログラムにまず書かれているのは、最初に説明したオブジェクトの配列だね。それと、このプログラムで使う変数について書いてあるよ。ここに書かれた変数は**グローバル変数**といって、プログラム全体で使うことができるものだよ。

```javascript
// 配列から添え字番号のオブジェクト取り出し
// データを整えて返す
function getData() {

    // 配列 gonen から 指定した添え字番号のデータを取りだす
    var seito=gonen[index];

    // 文字列の変数に 組と名前をつないで入れる
    var str = seito.kumi + '組 ' + seito.namae;

    // 最後に歳を付けて返す
    return  str + seito.toshi + '歳';

}
```

上の関数 `getData()` は、まずオブジェクト配列のデータから指定された添え字番号（0から始まる）index のデータを取り出すよ。そして、データをつなげてよび出されたところに返すんだ。

また、オブジェクトは、seito.kumi のように、ドットに続けてプロパティ名を書いて、値を取り出すことができるんだよ。

関数のなかで var seito、var str と書かれた変数は、**ローカル変数**といって、関数のなかだけで使うことができるんだ。

```javascript
// 表示処理
function loopup() {

    // 添え字番号をひとつ進める
    index = index + 1;
    if (gonen.length <= index) {
        index = 0; // 配列の最後に達したら0にもどす
    }

    // 添え字番号のデータを取りだす
    var str = getData();

    // ID が hyouji の場所に表示する
    document.getElementById('hyouji').innerHTML = str;
}
```

関数 **loopup** は、この後の start() のタイマーのはたらきで 0.5 秒ごとに実行されるよ。

ここでは、添え字番号（0 から始まる）の index を 1 つずつ進めながら、その場所のデータを取り出して表示しているんだ。

```javascript
function start() {

    // 結果が表示されていれば消す
    document.getElementById('kekka').innerHTML = '';

    // ボタンの表示状態を変える
    document.getElementById('start').disabled = true;
    document.getElementById('stop' ).disabled = false;

    // 最初の添え字番号を決める
    index = Math.floor(Math.random() * gonen.length);

    // 添え字番号の値を保存する
    save = index;

    // 添え字番号のデータを取り出す
    var str = getData();

    // メッセージを表示する。
    alert(str + '\r\n が表示されているときに STOP を押してね ');

    // 500 ミリ秒表示間かくを空ける
    sp=setInterval(loopup, 500);

}
```

start() は、スタートボタンが押されたときに実行される関数だよ。

ここでは、最初の表示の状態と、はじめのデータを取り出して表示すること、それからタイマー関数の setInterval を使って 500 ミリ秒（＝ 0.5 秒）ごとに関数 loopup() をよび出して実行することが書いてあるよ。

setInterval は JavaScript にあらかじめ用意されている関数で、次に説明するようなプログラムによって止まるまで、何度も指定した関数を実行するよ。

```
function stop() {

    clearInterval(sp);

    // ボタンの表示状態をもどす
    document.getElementById('start').disabled = false;
    document.getElementById('stop' ).disabled = true;

    if (save == index) {
        // START ボタンを押した時に保存した値と添え字番号が同じ場合
        document.getElementById('kekka').innerHTML = 'ぴったりだよ！';
    } else {
        document.getElementById('kekka').innerHTML = 'ざんねんでした';
    }
}

</script>
```

stop() は、ストップボタンが押されたときに実行される関数だよ。clearInterval を使って、タイマー（setInterval の実行）を止めて、かつ画面を最初の状態にもどしているよ。

ここでは、最初に START ボタンを押したときに保存した値と、STOP ボタンを押したときの値が、同じ場合とそうでない場合で、表示するメッセージを分けているんだね。

```
</head>

<body>

    <br> <!-- 改行 -->

    <h1> 名前をあてよう </h1>

    <br> <!-- 改行 -->

    <div id='hyouji'> START を押すと説明を表示するよ </div>

    <br> <!-- 改行 -->

    <div id='kekka'></div>

    <br> <!-- 改行 -->

    <input type='button' id='start' value='START' onClick='start();'>
    <input type='button' id='stop' value='STOP' onClick='stop();' disabled>

</body>
</html>
```

ここは画面のつくりを書いている部分だよ。

タイトルやメッセージを表示する場所を決めているよ。それと、押すと関数 start() を実行する START ボタン、押すと関数 stop() を実行する STOP ボタンを並べて配置しているよ。

それと STOP ボタンを書き表している最後を **disabled** とすることで、最初はこのボタンを無効（押せない状態）にしているんだよ。

できたかな？　実際に動かしてみようね。

〈図 10-1〉

ぴったりに 止められるかな？

# DAY 6

**11. CSS（スタイルシート）ってなんだ？** ……… 74

**12. CSSを使ってみよう** ……………………… 78

# DAY 6
## 11　CSS（スタイルシート）ってなんだ？

　**CSS（スタイルシート）** は、示された場所の色や形などの表示方法を決めるものなんだ。

　これまでの学習で使ってきたファイルに、CSS（スタイルシート）の部分を書き加えていくよ。

　どのように書くかというと、下のようにするよ

```
セレクタ {
    プロパティ： 値 ;
}
```

　**セレクタ**という画面上の場所を表すところと、背景や色、高さや幅などの形を表す**プロパティ**、そしてプロパティをどうするかを決める値を、書き表すんだよ。

　場所を表すセレクタごとに、{} でくくられたなかに、プロパティと値を：(コロン) で区切って書くんだよ。

　値の後ろには、区切りとして必ず；(セミコロン) を付けてね。

　今回は前回のプログラム（プログラム全体は 62 〜 64 ページをみてね）をもとに、書きかえながら進めていくよ。まずは前回のファイル namae.html をメモ帳で開いてね。最初に CSS の部分を入力していくよ。

　62 ページの 8 行目付近の `<style 'type=text/css'>` と次の `</style>` の間に、次のとおりに入力してね。

```
<style 'type=text/css'>

body {
    background-color: aliceblue;
    color: olive;
    text-align: center;
}

.hyouji0 { color: navy; }
.hyouji1 { color: darkgreen; }
.hyouji2 { color: olive; }
.hyouji3 { color: brown; }
.hyouji4 { color: darkred; }
.hyouji5 { color: purple; }

.ok  { color: red; }
.bad { color: black; }

</style>
```

`background-color: aliceblue;` によって、背景色がアリスブルー色になるんだよ。

`text-align: center;` によって、文字列を中央（センター）に配置するんだよ。

`.hyouji3 { color: brown; }` は、クラス名が hyouji3 の文字を、ブラウン（茶色）で表示するという意味だよ。

プロパティと値の組み合わせは、body{} のところに書いてあるとおり、セレクタのくくりのなかにいくつでも書き入れることができるんだよ。

さて、セレクタにはいくつかの種類があるよ。

たとえば、入力してもらった **body** って見おぼえがあるよね。そうだね。HTML タグだね。セレクタに HTML タグを指定すると、そのタグで示されたところの背景や色、高さや幅などを、プロパティの値で指定することができるんだよ。

その下の .hyouji0 は、．（ドット）で始まっているね。

この．ではじまるセレクタは、**クラス名**といって、このクラス名を付けたタグの背景や色、高さや幅などを指定することができるものだよ。

ここまでをいったん保存しておこうね。

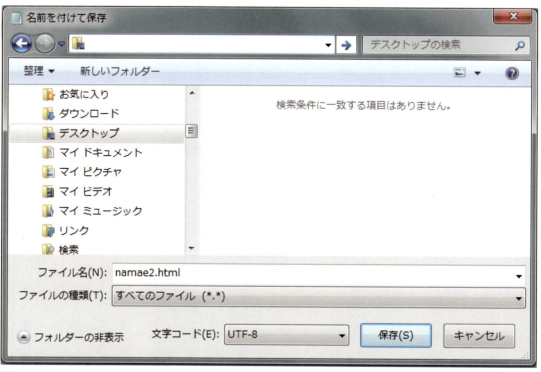

〈図 11-1〉

前のファイルも念のためにとっておきたいので、ファイル名を前のものとは変えて、たとえば namae2.html にして保存しようね。きちんと保存されると、前のプログラムと同じようにデスクトップにアイコンが表示されるよ。

ここまでで、いったんみてみようね。
〈図 11-2〉

〈図 11-3〉

　上の図のように、背景や文字の色が変わったかな。
　もし変わってなかったら、どこか入力をまちがえているところがあるから確認してみてね。

## DAY 6
## 12 CSSを使ってみよう

今度は、プログラムのなかに、少し書き足しをして、色や画像を変えてみるね。

文字の色を変えたり、ouen というIDの画像を表示するタグを用意して、その画像が入れかわるようにしてみよう。

まずは、入れかえるための画像を用意しよう。

次の名前の画像のファイルを用意してね。

ivページにURLを記載したホームページからダウンロードしてもいいよ。

**kano0.png**　　**kano1.png**　　**kano0.png**　　**kano1.png**

〈図12-1〉

では、順に書きかえていくね。

63ページの62行目付近の var str = getData(); から、次の } の間に、

```
// IDが hyouji の場所に表示する
document.getElementById('hyouji').innerHTML = str;
```

と書かれたところがあるね。

ここを次のとおりに書きかえてね。

```
// ID が hyouji の場所に表示する
var hyouji=document.getElementById('hyouji');
hyouji.innerHTML = str;


// クラス名を hyouji0 から hyouji5 にする
var no = Math.floor(index / 2);
hyouji.className = 'hyouji'+ no;


// ouen の画像を入れかえる
var ouen=document.getElementById('ouen');
ouen.src = 'kano'+(no % 2) + '.png';
```

前後の行を合わせると、次のとおりになるよ。

```
    // 添え字番号のデータを取り出す
    var str = getData();


    // ID が hyouji の場所に表示する
    var hyouji=document.getElementById('hyouji');
    hyouji.innerHTML = str;


    // クラス名を hyouji0 から hyouji5 にする
    var no = Math.floor(index / 2);
    hyouji.className = 'hyouji' + no;


    // ouen の画像を入れかえる
    var ouen=document.getElementById('ouen');
    ouen.src = 'kano'+ (no % 2) + '.png';


}
```

説明するね。

```
// ID が hyouji の場所に表示する
var hyouji=document.getElementById('hyouji');
hyouji.innerHTML = str;
```

これは前に書いてあったことと動きは同じだけれど、いったん hyouji という ID のタグの場所を保存しているんだよ。

```
// クラス名を hyouji0 から hyouji5 にする
var no = Math.floor(index / 2);
hyouji.className = 'hyouji'+ no;
```

ここでは、配列の値を取り出す添え字番号の変数 index の値を使って、hyouji0 から hyouji5 までのクラス名の文字をつくり、ID が hyouji の場所のクラス名を書きかえているんだよ。

no という変数に index の半分の値を入れるよ。ここでは関数 Math.floor() を使って、小数点以下をのぞいた整数が入るよ。

クラス名が変わると、スタイルシートの . (ドット)で始まるセレクタに示された6つの色になるよ。

たとえば、index が 7 の場合は、no が 3 になるのでクラス名は 'hyouji'+3 で、hyouji3 だね。

hyouji3 のスタイルは、.hyouji3 { color: brown; } と書いてあるから、文字の色がブラウンになるんだよ。

```
// ouen の画像を入れかえる
var ouen=document.getElementById('ouen');
ouen.src = 'kano'+(no % 2) + '.png';
```

ここでは、no の値を使って、kano0.png と kano1.png というファイル名をつくり、ID が ouen の場所のファイル名を書きかえているんだよ。no % は、no を 2 でわったあまりだよ。

次に 64 ページの 100 行目付近の「if (save == index) {」から

```
if (save == index) {
    // START ボタンを押したときに保存した値と添え字番号が同じ場合
    document.getElementById('kekka').innerHTML = 'ぴったりだよ!';
} else {
    document.getElementById('kekka').innerHTML = 'ざんねんでした';
}
```

と書かれたところがあるね。

ここを次のとおりに書きかえてみてね。

```
// 書きかえる場所 (タグ) を決める
var kekka = document.getElementById('kekka');
var ouen  = document.getElementById('ouen');

if (save == index) {
    // START ボタンを押したときに保存した値と添え字番号が同じ場合
    kekka.innerHTML = 'ぴったりだよ!';
    kekka.className = 'ok';
    ouen.src = 'naka0.png';    // ouen の画像を入れかえる
} else {
    kekka.innerHTML = 'ざんねんでした';
    kekka.className = 'bad';
    ouen.src = 'naka1.png';    // ouen の画像を入れかえる
}
```

```
function stop() {

    clearInterval(sp);

    // ボタンの表示状態をもどす
    document.getElementById('start').disabled = false;
    document.getElementById('stop' ).disabled = true;

    // 書きかえる場所（タグ）を決める
    var kekka = document.getElementById('kekka');
    var ouen  = document.getElementById('ouen');

    if (save ==  index) {
        // START ボタンを押した時に保存した値と添え字番号が同じ場合
        kekka.innerHTML = 'ぴったりだよ！';
        kekka.className = 'ok';
        ouen.src = 'naka0.png';     // ouen の画像を入れかえる
    } else {
        kekka.innerHTML = 'ざんねんでした';
        kekka.className = 'bad';
        ouen.src = 'naka1.png';     // ouen の画像を入れかえる
    }
}
```

STOP ボタンを押したときも結果にあわせて ID が kekka のクラス名と、ID が ouen の画像のファイル名を変えているんだよ。

最後に HTML 本文の STOP ボタンの後に次のとおり書き加えてね。

```
<br><br>  <!-- 改行 -->
<img id='ouen' src='kano0.png'>
```

```html
          <input type='button' id='start' value='START' onClick='start();'>
          <input type='button' id='stop' value='STOP' onClick='stop();' disabled>

    <br><br> <!-- 改行 -->

    <img id='ouen' src='kano0.png'>

</body>
</html>
```

ファイルを保存したら、動かしてみよう。

〈図12-2〉

どんなふうに変わるかな。

〈図 12-3〉

# DAY 7

## 13. ホームページやスロットゲームをつくろう①

13-1　スロットゲームの実行 ・・・・・・・・・・・・・・・・・・・・・・・・・・・・・・・ 86
13-2　スロットゲームのプログラムの入力 ・・・・・・・・・・・・・・・・・ 86
13-3　値を変えて、変化をみてみよう ・・・・・・・・・・・・・・・・・・・・ 90
　　13-3-1　タイトルの表示 ・・・・・・・・・・・・・・・・・・・・・・・・・・・・・ 91
　　13-3-2　<input>タグ value= ・・・・・・・・・・・・・・・・・・・・・ 92
13-4　絵がらの表示 ・・・・・・・・・・・・・・・・・・・・・・・・・・・・・・・・・・ 93
　　13-4-1　<input>タグ onClick= ・・・・・・・・・・・・・・・・・・ 93
　　13-4-2　<img>タグ ・・・・・・・・・・・・・・・・・・・・・・・・・・・・・・・ 94
　　13-4-3　HTML5の「まとめ」 ・・・・・・・・・・・・・・・・・・・・・・・・ 95

## 14. ホームページやスロットゲームをつくろう②

14-1　CSSで配置を決定する ・・・・・・・・・・・・・・・・・・・・・・・・・・ 100
14-2　CSSで文字の大きさを変える ・・・・・・・・・・・・・・・・・・・・ 101
14-3　CSSで外側の余白（白い部分）を変える ・・・・・・・・・・ 102
14-4　CSSで内側の余白を変える ・・・・・・・・・・・・・・・・・・・・・ 103
14-5　CSSでボタンの角をまるめる ・・・・・・・・・・・・・・・・・・・・ 104
14-6　CSSの「まとめ」 ・・・・・・・・・・・・・・・・・・・・・・・・・・・・・・・ 105

# DAY 7
# 13 ホームページやスロットゲームをつくろう①

## 13-1 スロットゲームの実行

このゲームの遊びかたを説明するよ。

1　「スタート」ボタンを押す。
　　⇒ スロットの3つの絵が、"くるくる" 回り出すよ！
2　いちばん下の3つの「STOP」ボタンを押すと、それぞれの絵が止まる。
3　3つの絵がそろったら勝ち！

〔スロットゲームの画面〕

絵が変わっていくよ。

〈図 13-1〉

## 13-2 スロットゲームのプログラムの入力

このスロットゲームのプログラムを入力していこう！

① メモ帳を開こう（メモ帳の開きかたは 20 ページをみてね）。
② 次のプログラムを入力していこう（25 ページに URL を示したホームページからダウンロードしてもいいよ）。

## <プログラム> slot.html

```html
1    <!-------------- ＨＴＭＬ５・JavaScript・CSS のプログラム ------------->
2    <!DOCTYPE html>
3    <html lang="ja">
4    <!---------------- ＨＴＭＬ５のｈｅａｄ ----------->
5    <head>
6        <meta charset="utf-8">
7        <title> スロットもどき </title>
8
9    <!--------------------- ＣＳＳ --------------------->
10   <style type="text/css">
11   p{
12       text-align: center;        /* スロットを中央に配置 */
13   }
14   input{
15       font-size:20px;            /* フォントサイズ：20 ピクセル */
16       margin:10px 0px 20px 0px;  /* 外側の余白（上・右・下・左）*/
17       padding:0px 10px 0px 10px; /* 内側の余白（上・右・下・左）*/
18       border-radius:8px;         /* ボックスの角をまるめる */
19   }
20   </style>
21
22   <!--------------------JavaScript-------------------->
23   <script>
24   //script のプログラム全体で使える変数 sp1,sp2,sp3 を定義
25   var sp1;        // スロット画像回転１を管理する変数 sp1
26   var sp2;        // スロット画像回転２を管理する変数 sp2
27   var sp3;        // スロット画像回転３を管理する変数 sp3
28
29   // スロット画像を回転させる関数 setImage() の処理
30   function setImage() {
31       var cg1=1;   // スロット１の画像を変える変数 cg1
32       var cg2=0;   // スロット２の画像を変える変数 cg2
33       var cg3=0;   // スロット３の画像を変える変数 cg3
34
35       // ５つの画像を変えられるように画像ファイル名を管理
36       var images =["pt1.png","pt2.png","pt3.png","pt4.png","pt5.png"];
37
38       // スロット画像１の表示処理――――――――――――――
39       var loopup1=function(){
40
41           // スロット画像１を変更し表示
42           document.getElementById('img1').src = images[cg1++];
43
44           // 画像０、画像１、画像２、画像３、画像４を順番に表示
45           if(cg1 > 4){    // cg1 が５になったら０に (0,1,2,3,4 を繰り返す)
46               cg1 = 0;
```

### メモ

HTMLは 水色で表しているよ。

CSSは うすだいだい色で表しているよ。

JavaScriptは 黄緑色で表しているよ。

```
47            }
48        }
49
50      sp1=setInterval(loopup1, 200);     // 回転速度調整
51                                         // (200ミリ秒表示間かくを空ける)
52      // スロット画像2の表示処理ーーーーーーーーーーーーーーーーー
53      var loopup2=function(){
54
55            // スロット画像2を変更し表示
56            document.getElementById('img2').src = images[cg2++];
57
58            // 画像0、画像1、画像2、画像3、画像4を順番に表示
59            if(cg2 > 4){      // cg2が5になったら0に (0,1,2,3,4を繰り返す)
60               cg2 = 0;
61            }
62        }
63
64      sp2=setInterval(loopup2, 150);     // 回転速度調整
65                                         // (150ミリ秒表示間かくを空ける)
66      // スロット画像3の表示処理ーーーーーーーーーーーーーーーーー
67      var loopup3=function(){
68
69            // スロット画像3を変更し表示
70            document.getElementById('img3').src = images[cg3++];
71
72            // 画像0、画像1、画像2、画像3、画像4を順番に表示
73            if(cg3 > 4){      // cg3が5になったら0に (0,1,2,3,4を繰り返す)
74               cg3 = 0;
75            }
76        }
77
78      sp3=setInterval(loopup3, 100);     // 回転速度調整
79    }                                    // (100ミリ秒表示間かくを空ける)
80
81   // スロットのストップ処理ーーーーーーーーーーーーーーーーーーー
82   function stop_slot1() {         // スロット画像1をストップ
83       clearInterval(sp1);
84   }
85
86   function stop_slot2() {         // スロット画像2をストップ
87       clearInterval(sp2);
88   }
89
90   function stop_slot3() {         // スロット画像3をストップ
91       clearInterval(sp3);
92   }
```

```
93
94      </script>
95
96      </head>
97
98      <!---------------- ＨＴＭＬ５のｂｏｄｙ ----------->
99      <body>
100     <p>
101         <!--star ボタンの処理 -->
102         <input type="button" value="START" onClick="setImage()">
103
104         <br><br>                    <!-- 改行 -->
105
106         <!-- 最初の画像を表示 -->
107         <img src="pt0.png" id="img1">
108         <img src="pt0.png" id="img2">
109         <img src="pt0.png" id="img3">
110
111         <br><br>                    <!-- 改行 -->
112
113         <!-- 各画像のストップボタン処理 -->
114         <input type="button" value="STOP1" onClick="stop_slot1()">
115         <input type="button" value="STOP2" onClick="stop_slot2()">
116         <input type="button" value="STOP3" onClick="stop_slot3()">
117     </p>
118     </body>
119     </html>
```

③ プログラム名を「slot.html」にしよう。

保存するときに、「ファイルの種類」を「すべてのファイル」にして、「ファイル名」のところに slot.html と入力してね。

**メモ**

保存したファイルをみると、＜と＞（山かっこ）でくくられているね。これは HTML だね。この HTML のなかに、CSS、JavaScript の部分があるんだね。

上では、HTML の部分は、■ 水色で表されているよ。CSS の部分は、■ うすだいだい色、JavaScript の部分は、■ 黄緑色で表されているよ。

## 13－3　値を変えて、変化をみてみよう

```
1    <!-------------- ＨＴＭＬ５・JavaScript・CSSのプログラム ------------->
2    <!DOCTYPE html>
3    <html lang="ja">
4    <!----------------- ＨＴＭＬ５のｈｅａｄ ------------>
5    <head>
6        <meta charset="utf-8">
7        <title> スロットもどき </title>
```

```
95
96   </head>
97
98   <!----------------- ＨＴＭＬ５のｂｏｄｙ ------------>
99   <body>
100  <p>
101      <!--star ボタンの処理 -->
102      <input type="button" value="START" onClick="setImage()">
103
104      <br><br>                      <!-- 改行 -->
105
106      <!-- 最初の画像を表示 -->
107      <img src="pt0.png" id="img1">
108      <img src="pt0.png" id="img2">
109      <img src="pt0.png" id="img3">
110
111      <br><br>                      <!-- 改行 -->
112
113      <!-- 各画像のストップボタン処理 -->
114      <input type="button" value="STOP1" onClick="stop_slot1()">
115      <input type="button" value="STOP2" onClick="stop_slot2()">
116      <input type="button" value="STOP3" onClick="stop_slot3()">
117  </p>
118  </body>
119  </html>
```

## 13-3-1 タイトルの表示

<title>スロットもどき</title>

87ページの7行目の <title>スロットもどき</title> を <title>スロットぽい</title> に変えて画面でみてみよう。

どうなったかな？

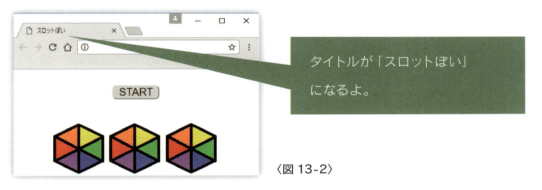

〈図 13-2〉

タイトルが、「スロットぽい」に変わったね。

この <title> と </title> はタイトルタグっていうんだ。

## 13-3-2 <input>タグ value=

```
<input type="button" value="START" onClick="setImage()">
```

89ページの102行目の value="START" を value="はじめ" に変えて画面でみてみよう。

どうなったかな？

ボタンが「はじめ」になるよ。

〈図 13-3〉

value="はじめ" で、ボタンのなかの文字が「はじめ」に変わったね。
value="START" の右側 " " の中は、ボタンのなかの文字を指定することができるんだ。
ちなみに type="button" と書くことで、画面にボタンを表示させているんだよ。

同じ89ページの114行目、115行目、116行目も value= の後ろを変えればボタンの表示が変わるよ。

## 13-4 絵がらの表示

### 13-4-1 <input>タグ onClick=

```
<input type="button" value="START" onClick="setImage()">
```

89ページの102行目のonClick="setImage()"の「onClick」は、「ボタンがクリックされたら」という意味になるよ。クリックされたら、"setImage('img0')"の処理を進めていくことになるんだよ。

このように、プログラムが書かれた順番に進めていくことを**プログラムを実行する**っていうよ。

つまり、"setImage()"は、87ページの30行目のfunction setImage() { ～ }の処理を実行するということなんだね。

また、function setImage(id) { ～ }は、スロットの絵を入れかえる処理を行っているんだよ。

## 13-4-2 `<img>` タグ

```
<img src="pt0.png" id="img1">
```

89 ページの 107 行目の `<img src="pt0.png" id="img1">` を `<img src="pt1.png" id="img1">` に変えて画面でみてみよう。

どうなったかな？

〈図 13-4〉

いちばん左の絵が、黄色い顔に変わったね。つまり、`<img>` タグの中の `src=` で指定した絵のファイル（"pt1.png"）が、表示されたね。

ところで、その後の `id="img1"` ってなんだろう？

これは、いま表示したいいちばん左の絵の位置に "img1" という名前を付けているんだよ。

この後で違う絵に変えるときに、「いちばん左の "img1" の位置に、いまと違う絵を表示させる」という感じで使えるようにしているんだよ。

それでは、89 ページの 108 行目や 109 行目も `src=` の後の絵のファイル名を変えてみよう。（"pt1.png" "pt2.png" "pt3.png" "pt4.png" "pt5.png" などにしてみよう）。

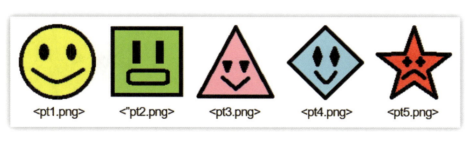

〈図 13-5〉

## 13-4-3 HTML5 の「まとめ」

HTML5 では、＜と＞で囲（かこ）まれた部分を**タグ**とよんでいるんだよ。それぞれタグには、意味があるんだ。

図 13-6 は、HTML5 の全体を表しているよ。

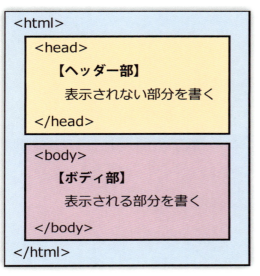

HTML5 の全体は、<html>、<head>（ヘッド）、<body>（ボディ）のそれぞれのタグで組み立てられているんだよ。

それらの中身をみていこう！

〈図 13-6〉

① <html> 〜 </html> タグ

HTML5 は、`<html>` で始まり </html> で終わるよ。

※ 87 ページの 3 行目 <html lang="ja"> の lang="ja"（ラング ジャ）は、日本語を使うことを表しているよ。

## ② <head> 〜 </head> タグ

HTML5 は、ヘッダー部 <head> から </head> までと ボディ部 <body> から </body> までに、分かれているよ。

**ヘッダー部**は、<head> から </head> までの範囲で、タイトルを表示させたり、CSS の設定を行ったり、JavaScript を書いたりする部分だよ。

## ③ <body> 〜 </body> タグ

**ボディ部**は、<body> から </body> までの範囲で、画面に表示される部分を表しているんだよ。だからボタンを表示したり、絵を表示したりする部分は、ここに書かれているんだよ。

## ④ <title> 〜 </title>

<title> スロットもどき </title>

プログラムを実行したときに、<title> と </title> の間の文字が、画面の上のタブといわれる場所に、表示されるよ。

## ⑤ <style> 〜 </style> タグ

**<style>** タグは、CSS を書くためのタグだよ。<style> から </style> のなかに、CSS を書いていくんだよ。

## ⑥ &lt;script&gt; ～ &lt;/script&gt; タグ

&lt;script&gt; タグは、JavaScript を書くためのタグだよ。&lt;script&gt; から &lt;/script&gt; のなかに、JavaScript を書いていくんだよ。

## ⑦ &lt;p&gt; ～ &lt;/p&gt; タグ

&lt;p&gt; タグは、文書などをひとかたまり（段落）にするタグだよ。

## ⑧ &lt;input&gt; タグ

```
<input type="button" value="START"onClick="setImage()">
```

のように、&lt;input&gt; タグは、文字の入力欄やボタンなどの部品を作成するためのタグだよ。

今回は、ボタンをつくったので、&lt;input type="button"（～＞ になっているよ。

また、value="START" は、ボタンに表示する名前を "START" にしたんだよ。

つまり、onClick="setImage()" は、onClick で、ボタンがクリックされたら ＝ の後の "setImage()"（JavaScript のプログラム）を行いなさい、という意味だよ。

### ⑨ <br> タグ

<br> タグは、文章を折り返す、改行というタグだよ。

---

### ⑩ <img> タグ

<img src="pt0.png" id="img1">

<img> タグは、絵などを表示するタグだよ。

src="pt0.png" は、"pt0.png" という絵のファイルを表示するという意味だよ。

id="img1" は、この <img> の情報（絵に関することや表示する位置など）を "img1" という名前で扱うという感じだね。

後で <img> の絵を扱うときに役に立つんだよ。

id="img1" は、JavaScript のプログラムで、絵を扱うのに使うよ。

いまは、ただ「名前を付けておく」とだけ、おぼえてね。

# DAY 7 - 14 ホームページやスロットゲームをつくろう②

```html
 9      <!-------------------- ＣＳＳ -------------------->
10      <style type="text/css">
11      p{
12          text-align: center;          /* スロットを中央に配置 */
13      }
14      input{
15          font-size:20px;              /* フォントサイズ：20 ピクセル */
16          margin:10px 0px 20px 0px;    /* 外側の余白（上・右・下・左）*/
17          padding:0px 10px 0px 10px;   /* 内側の余白（上・右・下・左）*/
18          border-radius:8px;           /* ボックスの角をまるめる */
19      }
20      </style>
```

## 14-1 CSSで配置を決定する

```
text-align: center;
```

99ページの12行目の「center」を「left」に変えて画面でみてみよう。

どうなったかな？

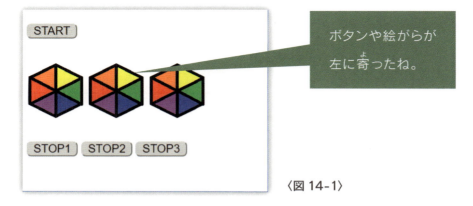

〈図14-1〉

ボタンや絵が、左側に寄ったね。

**text-align:** は、配置を左に寄せる（left）、まん中にする（center）、右に寄せる（right）はたらきがあるよ。

89ページの100行目から117行目の <p> から </p> までが、その対象になるよ。

## 14-2 CSSで文字の大きさを変える

```
font-size:20px;
```

15行目の「**20px**」（pxはピーエックスと読むよ）を「**40px**」に変えて画面で見てみよう。

どうなったかな？

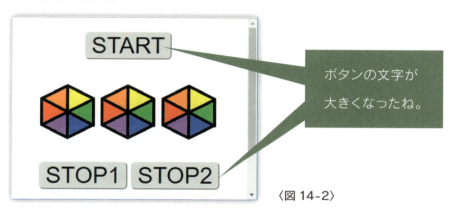

ボタンの文字が大きくなったね。

〈図14-2〉

ボタンのなかの文字が大きくなったね。

`font-size:` は、文字の大きさを変えるはたらきがあるよ。数字が大きくなればなるほど、文字が大きくなるよ。

89ページの102行目、114行目、115行目、116行目では、`<input>` タグを使っている「value=」の後の文字が変わるんだね。

```
101        <!--star ボタンの処理 -->
102        <input type="button" value="START" onClick="setImage()">
```

```
113        <!-- 各画像のストップボタン処理 -->
114        <input type="button" value="STOP1" onClick="stop_slot1()">
115        <input type="button" value="STOP2" onClick="stop_slot2()">
116        <input type="button" value="STOP3" onClick="stop_slot3()">
```

〈図7-12〉

## 14-3　CSSで外側の余白（白い部分）を変える

```
margin:10px 0px 20px 0px;
```

99ページの16行目の 10px 0px 20px 0px; を 100px 0px 20px 0px; に変えて画面でみてみよう。

どうなったかな？

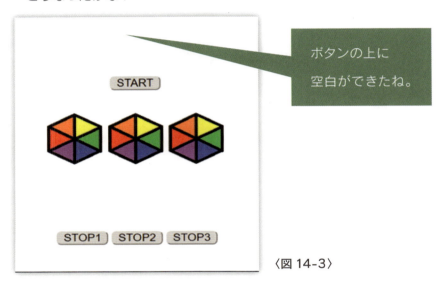

ボタンの上に空白ができたね。

〈図14-3〉

それぞれのボタンの上に大きな空き（余白）ができたね。

`margin:` は、ボタンなどの形のまわりに空きをつくるはたらきがあるよ。

上の4つの並びは、上・右・下・左の順で、まわりの空きを指定しているんだよ。

`font-size:` と同じで、HTML5では、89ページの102行目、114行目、115行目、116行目の `<input>` タグで、指定できるよ。

## 14-4 CSSで内側の余白を変える

```
padding:0px 10px 0px 10px;
```

99ページの17行目の0px 10px 0px 10px;を0px 10px 0px 50px;に変えて画面でみてみよう。

どうなったかな？

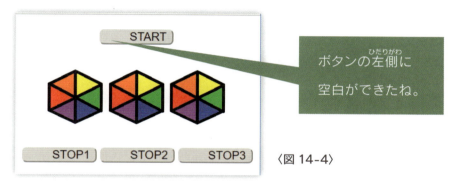

ボタンの左側に空白ができたね。

〈図14-4〉

ボタンのなかの文字の左側に大きな空き（余白）ができたね。
padding:は、ボタンなどの内側に空きをつくるはたらきがあるね。
上の4つの並びは、上・右・下・左の順で、内側の空きを指定できるよ。

font-size:やmargin:と同じで、HTML5では、89ページの102行目、114行目、115行目、116行目の<input>タグで、指定できるよ。

## 14-5 CSSでボタンの角をまるめる

```
border-radius:8px;
```
ボーダー　ラジウス

99ページの18行目の 8px; を 20px; に変えて画面でみてみよう。

どうなったかな？

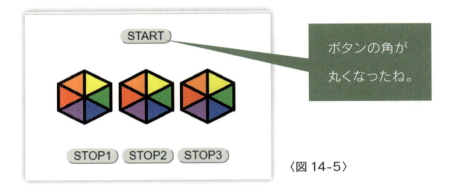

ボタンの角が
丸くなったね。

〈図14-5〉

ボタンの角がまるくなったね。
`border-radius:` は、ボタンなどの形の角をまるめるはたらきがあるよ。pxの前の数を大きくすると、丸みが大きくなるね。
`font-size:` や `margin:`、`padding:` と同じで、HTML5では、89ページの102行目、114行目、115行目、116行目の `<input>` タグで、指定できるよ。

## 14-6 CSSの「まとめ」

前に少し説明したけど、CSS（スタイルシート）は、HTML5のデザインや配置などを整える役割をもっていたね。

---

### ① 11行目から13行目

`p{…}` は、HTMLの `<p>` ～ `</p>` を表示させるときのデザインになるんだよ。

だから89ページの100行目から117行目で表示する文字や絵、それからボタンは、`text-align: center;` により、中央に配置されるというわけだね。

---

### ② 14行目から19行目

`input{…}` も同じように、89ページの102行目、114行目、115行目、116行目の `<input …>` のデザインを行っているんだよ。

---

このようにCSSは、HTML5によって表示されるいろいろな部分に対して、デザインをする役割があるんだね。

HTML5 で、表示する形をつくり、
CSS で、きれいに表示されるように整える。

こんな感じで、覚えよう。

# DAY 8

## 15. ホームページやスロットゲームをつくろう③

15-1 スロットの絵の表示速度を変えてみる ・・・・・・・・・・・・・・・・・ 110
15-2 スロット画像のSTOPについて値を変えてみよう ・・・・・・・・ 119
15-3 JavaScriptの「まとめ」・・・・・・・・・・・・・・・・・・・・・・・・ 122

コラム 「CSSで指定できる色名一覧（140色）」について ・・・・・・・・・・・・・・・ 129

# DAY 8 / 15 ホームページやスロットゲームをつくろう③

## slot.html の JavaScript 部分

```
22    <!--------------------JavaScript-------------------->
23    <script>
24    //script のプログラム全体で使える変数 sp1,sp2,sp3 を定義
25    var sp1;          // スロット画像回転1を管理する変数 sp1
26    var sp2;          // スロット画像回転2を管理する変数 sp2
27    var sp3;          // スロット画像回転3を管理する変数 sp3
28
29    // スロット画像を回転させる関数 setImage() の処理
30    function setImage() {
31        var cg1=1;    // スロット1の画像を変える変数 cg1
32        var cg2=0;    // スロット2の画像を変える変数 cg2
33        var cg3=0;    // スロット3の画像を変える変数 cg3
34
35        // 5つの画像を変えられるように画像ファイル名を管理
36        var images =["pt1.png","pt2.png","pt3.png","pt4.png","pt5.png"];
37
38        // スロット画像1の表示処理ーーーーーーーーーーーーーーー
39        var loopup1=function(){
40
41            // スロット画像1を変更し表示
42            document.getElementById('img1').src = images[cg1++];
43
44            // 画像0、画像1、画像2、画像3、画像4を順番に表示
45            if(cg1 > 4){    // cg1 が5になったら0に (0,1,2,3,4 を繰り返す)
46                cg1 = 0;
47            }
48        }
49
50        sp1=setInterval(loopup1, 200);    // 回転速度調整
51                                          // (200 ミリ秒表示間かくを空ける)
52        // スロット画像2の表示処理ーーーーーーーーーーーーーーー
53        var loopup2=function(){
54
55            // スロット画像2を変更し表示
56            document.getElementById('img2').src = images[cg2++];
```

```
            // 画像0、画像1、画像2、画像3、画像4を順番に表示
            if(cg2 > 4){      // cg2が5になったら0に (0,1,2,3,4を繰り返す)
                cg2 = 0;
            }
        }

        sp2=setInterval(loopup2, 150);   // 回転速度調整
                                         // (150ミリ秒表示間かくを空ける)
        // スロット画像3の表示処理ーーーーーーーーーーーーーーーーーー
        var loopup3=function(){

            // スロット画像3を変更し表示
            document.getElementById('img3').src = images[cg3++];

            // 画像0、画像1、画像2、画像3、画像4を順番に表示
            if(cg3 > 4){      // cg3が5になったら0に (0,1,2,3,4を繰り返す)
                cg3 = 0;
            }
        }

        sp3=setInterval(loopup3, 100);   // 回転速度調整
    }                                    // (100ミリ秒表示間かくを空ける)

// スロットのストップ処理ーーーーーーーーーーーーーーーーーーーー
function stop_slot1() {          // スロット画像1をストップ
    clearInterval(sp1);
}

function stop_slot2() {          // スロット画像2をストップ
    clearInterval(sp2);
}

function stop_slot3() {          // スロット画像3をストップ
    clearInterval(sp3);
}

</script>
```

## 15-1　スロットの絵の表示速度を変えてみる

```
sp1=setInterval(loopup1, 200);
```

108ページの50行目の sp1=setInterval(loopup1,200); を sp1=setInterval(loopup1,500); に変えて画面で見てみよう。

どうなったかな？

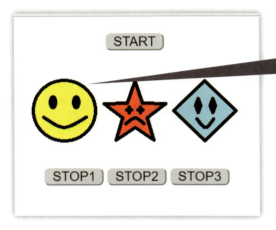

左側のスロットの絵の変化が遅くなったね。

〈図15-1〉

いちばん左側にある絵の変わる速さが遅くなったよね。
sp1=setInterval(loopup1, 200); の200の部分は、絵を変化させる速さを変えることができるんだね。

まずは、

| | | |
|---|---|---|
| 50行目の | sp1=setInterval(loopup1, 200); | ※ スロットの左側画像 |
| 64行目の | sp2=setInterval(loopup2, 150); | ※ スロットの中央画像 |
| 78行目の | sp3=setInterval(loopup3, 100); | ※ スロットの右側画像 |

の数値（赤い数値）を変えて、スロットの速さの変化をみてみよう（数を大きくすると速さは遅くなるよ）。

どうなったかな？

スロットの3つの絵の変わる速さが変わったね。
スロットゲームを難しくするには数を小さく、簡単にするには、数を大きくすればいいんだね。
この数は、**ミリ秒**（1000分の1秒）を表しているんだよ。だから、200を指定すると、200ミリ秒ということで、0.2秒ごとに、絵が変わるようになるんだよ。

それでは、setInterval(loopup1, 200);をもう少しくわしく説明していくね。
**setInterval()** は、「決まった時間ごとに、決められた処理を繰り返す」というはたらきがあるんだよ。決まった時間というのが、setInterval(loopup1, 200);の200で、つまり、200ミリ秒ごと（0.2秒ごと）に決められた処理を繰り返すようになっているんだよ。

次に「決められた処理」ってなんだろう。これは、setInterval(loopup1, 200);のloopup1という部分になるよ。
loopup1は、108ページの39行目から始まるよ。

```
38      //スロット画像1の表示処理―――――――――――
39      var loopup1=function(){
40
41          //スロット画像1を変更し表示
42          document.getElementById('img1').src = images[cg1++];
43
44          //画像0、画像1、画像2、画像3、画像4を順番に表示
45          if(cg1 > 4){    // cg1が5になったら0に (0,1,2,3,4を繰り返す)
46              cg1 = 0;
47          }
48      }
```

var loopup1=function(){ ・・・ }だよ。

　そして、setInterval(loopup1, 200); は、loopup1 と書かれた 108 ページの 39 行目から 48 行目を 0.2 秒ごとに繰り返す」という意味になるんだよ。

　次に loopup1 のなかのプログラムを説明していくね。

　絵を変えている処理が、108 ページの 42 行目の document.getElementById('img1').src=images[cg1++]; だよ。

　**document.getElementById()** は、（ ）内の 'img1' という名前（ID）の付けられたタグの中身を取り出すのに使うよ。

　'img1' については、93 ページでやったね。すなわち、89 ページの 107 行目の

```
<img src="pt0.png" id="img1">
```

の<img>タグの中身を取り出したことになるんだよ。

　"img1" の <img> は、スロットのいちばん左の絵になるよ。その絵を
`document.getElementById('img1').src = images[cg1++];`
の src = images[cg1++] により、違う絵に変えていくんだよ。

　それでは、次のように値を変えて画面で見てみよう。

　108 ページの 42 行目の
`document.getElementById('img1').src = images[cg1++];`
の images[cg1++] を images[2] に変えてみよう。


　どうなったかな？

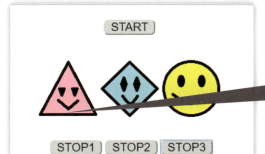

〈図 15-2〉

スロットの左側（スロット1）の絵だけが変わらずに、ずっと

のままだね。

これは、images[2]="pt3.png" になっているからなんだよ。
imagesは、**配列変数**とよばれるもので、同じような使いかたをするデータをまとめて保存しておく入れ物として用意されているんだよ。

例をあげると、

- images[0] は、"りんご"
- images[1] は、"みかん"
- images[2] は、"いちご"
- images[3] は、"めろん"

というようにくだものを、imagesという配列変数で扱えるよ。

このプログラムでは 108 ページの 36 行目で、images[ ] に数を入れているよ。

```
var images =["pt1.png","pt2.png","pt3.png","pt4.png","pt5.png"];
```

var は、ここから変数を使うことを決めているものだよ。上だと「Images を変数として使う」ということになるね。

いろいろな数や文字を保存しておく入れ物が変数だから、images = で、配列変数にいくつかの値を入れているんだよ。

- images[0] には、"pt1.png"
- images[1] には、"pt2.png"
- images[2] には、"pt3.png"
- images[3] には、"pt4.png"
- images[4] には、"pt5.png"

を入れてるんだ。そうすることで、

| 変数名 | images[0] | images[1] | images[2] | images[3] | images[4] |
|---|---|---|---|---|---|
| 画像 |  |  |  |  |  |
| ファイル | pt1.png | pt2.png | pt3.png | pt4.png | pt5.png |

〈図 15-3〉

というように配列変数で絵のファイルを扱っているんだよ。

> **メモ**
> [ ] の中は、添え字といって、0 から始まるから気をつけてね。
> [0], [1], [2], [3], … となるよ。

　次に、
```
document.getElementById('img1').src = images[cg1++];
```
の src = images[cg1++] について説明するよ。

　src= は、絵のファイルを指定する役割をもっているよ。

　それから、images[cg1++] の [cg1++] についても説明するよ。

**cg1**は、あらかじめ108ページの31行目の`var cg1 = 0;`で、「cg1を変数として使う」と宣言するのといっしょに、その入れ物の中にまず0を入れているね。

　ここで、[cg1++]の後の ++ ってなんだろう？
　++ は、変数に1を足す役割をもっているよ。
　変数 cg1 が、0 だった場合、++ をすると 0 + 1 で変数 cg1 が 1 になるんだ。
　もう1回実行されたときは、1 + 1 で、変数 cg1 が、2 になるんだ。
　だから 108 ページの 42 行目の

```
document.getElementById('img1').src = images[cg1++];
```

を最初に実行するときは、変数cg1が0なので、

```
document.getElementById('img1').src = images[0];
```

と書いたのと同じ感じになるよ。

　つまり、src = images[0] が、実行された後、++ が実行され、変数 cg1 に 1 が足されて、変数 cg1 は 1 になるようになっているよ。

　ところで、images[0] って、どんな画像ファイルだっけ？

images[0] は、pt1.png で、 だったね。

したがって、

```
document.getElementById('img1').src = images[cg1++];
```

を実行した結果としては、スロットのいちばん左側の絵が、の絵から

の絵に変わるんだよ。

また、変数 cg1 は、cg1++ により、loopup1 が、繰り返し実行されるたびに、

0 , 1 , 2 , 3 , 4 , 5 , 6 , 7 , 8 , 9 , 10 , 11 , 12 , …

と増えていくよね。

そうすると images の [ ] の中は、

```
images[0] , images[1] , images[2] , images[3] ,
images[4] , images[5] , images[6] , images[7] ,
images[8] , images[9] , …
```

となるよね。

でも絵のファイルは、images[0] , images[1] , images[2] , images[3] , images[4] までしか用意されていない。

だから、変数 cg1 は、0 から 4 までで、変数 cg1 が 5 になったら、また変数 cg1 を 0 にもどしたいね。それをしているのが、

```
44    // 画像0、画像1、画像2、画像3、画像4を順番に表示
45    if(cg1 > 4){      // cg1 が 5 になったら 0 に (0,1,2,3,4を繰り返す)
46        cg1 = 0;
47    }
```

になるんだよ。

108ページの45行目で、if(cg1 > 4){}は、「もし、変数cg1が4よりも大きかったら」という意味になるよ。

そして、そのときは、{ と } で囲まれたなかの処理を実行するようになっているよ。いま、108ページの46行目は、**cg1 = 0;** で、「変数cg1に0を入れる」という命令になっているね。

したがって、たとえば、変数cg1が、5になっていたとき、

```
45          if(cg1 > 4){      // cg1 が 5 になったら 0 に（0,1,2,3,4 を繰り返す）
46              cg1 = 0;
47          }
```

をすると、「変数cg1は5であり、4よりも大きいので、cg1に0を入れる」となるんだよ。そうすることで、常に変数cg1の値は、images[]の[]のなかで、

0, 1, 2, 3, 4, 0, 1, 2, 3, 4, 0, 1, 2, 3, 4, 0, 1, 2, 3, 4, …

と使えるようにできているよ。

まとめると、配列変数 images[cg1++] は、常に

```
images[0], images[1], images[2], images[3], images[4]
```

の順番に数が変わり、繰り返されるので、絵も

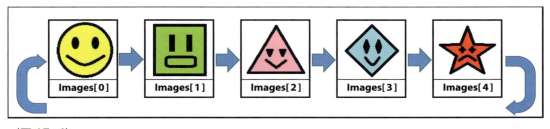

〈図15-4〉

のような順番で、変わっていくよ。

このように、if()の（　）内は、>（〜より大きい）、>=（〜以上）、<（〜より小さい）、<=（〜以下）など、ほかにもいろいろな条件を入れることができるよ。

そして、条件に合ったときだけ、108ページの45行目、47行目の｛と｝のなかの処理が実行されることになるよ。

さて、スロット画像は、左側部分、中央部分、右側部分の3つの絵でできているので、スロット画像の中央部分の絵を表示する処理53行目から65行目と、

```
52      //スロット画像2の表示処理－－－－－－－－－－－－－－－－－－－
53      var loopup2=function(){
54
55          //スロット画像2を変更し表示
56          document.getElementById('img2').src = images[cg2++];
57
58          // 画像0、画像1、画像2、画像3、画像4を順番に表示
59          if(cg2 > 4){      // cg2が5になったら0に(0,1,2,3,4を繰り返す)
60              cg2 = 0;
61          }
62      }
63
64      sp2=setInterval(loopup2, 150);   // 回転速度調整
65                                       // (150ミリ秒表示間かくを空ける)
```

スロット画像の右側部分の絵を表示する処理66行目から78行目

```
66      //スロット画像3の表示処理－－－－－－－－－－－－－－－－－－－
67      var loopup3=function(){
68
69          //スロット画像3を変更し表示
70          document.getElementById('img3').src = images[cg3++];
71
72          // 画像0、画像1、画像2、画像3、画像4を順番に表示
73          if(cg3 > 4){      // cg3が5になったら0に(0,1,2,3,4を繰り返す)
74              cg3 = 0;
75          }
76      }
77
78      sp3=setInterval(loopup3, 100);   // 回転速度調整
```

も、同じようなプログラムになっているよ。

時間があったら、その部分の数も変えて、変化をみてみてね。

## 15-2 スロット画像のSTOPについて値を変えてみよう

```
81    // スロットのストップ処理――――――――――――――――
82    function stop_slot1() {        // スロット画像1をストップ
83        clearInterval(sp1);
84    }
85
86    function stop_slot2() {        // スロット画像2をストップ
87        clearInterval(sp2);
88    }
89
90    function stop_slot3() {        // スロット画像3をストップ
91        clearInterval(sp3);
92    }
```

```
clearInterval(sp1);
```

109ページの83行目の clearInterval(sp1); を clearInterval(sp2); に変えて画面でみてみよう。

ゲームをスタートして、STOPボタンを押すと、どうなったかな？

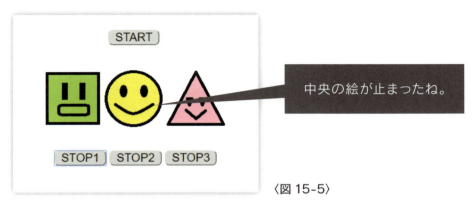

〈図15-5〉

中央の絵が止まったね。

これはおかしいね。いちばん左の「STOP1」ボタンを押したのに、まん中の絵が止まったね。なぜだろう……。そこをみていこうね。

まず、89ページの114行目のHTML5の記述からみていこう。

```
<input type="button" value="STOP1" onClick="stop_slot1()">
```

は、「STOP1」ボタンがクリックされたら、stop_slot1()の処理を実行しなさい、という意味だったね。

それにより、88ページの82行目から84行目のfunction stop_slot1()という処理が実行されるよ。

また、（　）には、89ページの107行目の('img1')で、'img1'が引き渡され、「スロット1の絵」に対して、動作が行われるようになるんだよ。

次に、88ページの83行目のclearInterval(sp1);について、みていこう。
clearInterval(sp1);を実行することで、

```
50    sp1=setInterval(loopup1, 200);    // 回転速度調整
51                                       //（200ミリ秒表示間かくを空ける）
```

のように、88ページの50行目で実行されているsetInterval();で設定したタイマーを止める（解除する）ことができるよ。

setInterval()は、ほかにも88ページの64行目、78行目で、実行しているね。

もう一度、88ページの50行目を例に復習しよう。

```
38          // スロット画像1の表示処理―――――――――――――
39          var loopup1=function(){
40
41              // スロット画像1を変更し表示
42              document.getElementById('img1').src = images[cg1++];
43
44              // 画像0、画像1、画像2、画像3、画像4を順番に表示
45              if(cg1 > 4){    // cg1 が 5 になったら 0 に (0,1,2,3,4 を繰り返す)
46                  cg1 = 0;
47              }
48          }
```

sp1=setInterval(loopup1, 200); は、loopup1 という 87 ページの 39 行目から 48 行目の処理を、200 ミリ秒（0.2 秒）ごとに繰り返すということだったね。

このとき、setInterval(loopup1, 200) の部分を sp1= で、変数 sp1 に入れているね。

これは、setInterval(loopup1, 200) の部分から返された数を、変数 sp1 で扱う、という感じでとらえてね。

そこで、もとにもどって、clearInterval(sp1); は、「変数 sp1 で管理している 88 ページの 50 行目の sp1=setInterval(loopup1, 200);（スロットの絵1を止める）という動きになるんだよ。

だから、88 ページの 83 行目の clearInterval(sp1); を clearInterval(sp2); に変えると、

64 行目の sp2=setInterval(loopup1, 200); の繰り返しを止めることになるため、「STOP1」のボタンを押したのに「スロットの絵2」が止まってしまったんだね。

## 15-3 JavaScriptの「まとめ」

JavaScriptのプログラムの全体は、次のようになるよ。

```
<script>

    setImage()処理【スロット画像を回転させる】                    ①

        【スロット画像1の表示処理】
        loopup1=function()処理         ③
        sp1=setInterval()処理           ④

        【スロット画像2の表示処理】
        loopup2=function()処理         ③
        sp2=setInterval()処理           ④

        【スロット画像3の表示処理】
        loopup3=function()処理         ③
        sp3=setInterval()処理           ④

    stop_slot1()処理【スロット画像1のストップ処理】              ②
        clearInterval(sp1)処理          ⑤

    stop_slot2()処理【スロット画像2のストップ処理】              ②
        clearInterval(sp2)処理          ⑤

    stop_slot3()処理【スロット画像3のストップ処理】              ②
        clearInterval(sp3)処理          ⑤

</script>
```

〈図 15-6〉

JavaScriptで書かれている部分は、あらかじめHTML5で用意された、

〈図 15-7〉

のボタンと、

〈図 15-8〉

の最初の絵に対して、動きのある処理をつくっているんだよ。

```
29      // スロット画像を回転させる関数 setImage() の処理
30      function setImage() {
31          var cg1=1;   // スロット1の画像を変える変数 cg1
32          var cg2=0;   // スロット2の画像を変える変数 cg2
33          var cg3=0;   // スロット3の画像を変える変数 cg3
34
35          // 5つの画像を変えられるように画像ファイル名を管理
36          var images =["pt1.png","pt2.png","pt3.png","pt4.png","pt5.png"];
37
38          // スロット画像1の表示処理－－－－－－－－－－－－－－
39          var loopup1=function(){
40
41              // スロット画像1を変更し表示
42              document.getElementById('img1').src = images[cg1++];
43
44              // 画像0、画像1、画像2、画像3、画像4を順番に表示
45              if(cg1 > 4){      // cg1 が5になったら0に (0,1,2,3,4を繰り返す)
46                  cg1 = 0;
47              }
48          }
49
50          sp1=setInterval(loopup1, 200);    // 回転速度調整
    ...
    ...
    ...
```

## ① setImage()

HTML5で書かれた89ページの102行目の、

```
<input type="button" value="START" onClick="setImage()">
```

によって、「START」ボタンがクリックされると、JavaScriptの108ページ30行目の「function setImage() {…}」の処理が実行されるよ。ここでは、スロットの1から3の絵がらが、くるくると変わりながら表示される処理を行っているよ。

```
82  function stop_slot1() {       // スロット画像1をストップ
83      clearInterval(sp1);
84  }
```

## ② stop_slot1()

HTML5で書かれた89ページの114行目、115行目、116行目

```
<input type="button" value="STOP1" onClick="stop_slot1()">
```

では、たとえば114行目では、「STOP1」ボタンがクリックされると、JavaScriptの109ページの82行目のfunction stop_slot1() {…}の処理が実行されるね。ここでは回っているスロットの絵を止める処理を行っているよ。

このようにして、「STOP1」ボタンをクリックすると、「スロットの絵1」が止まるようになっているよ。

```
39      var loopup1=function(){
40
41          // スロット画像1を変更し表示
42          document.getElementById('img1').src = images[cg1++];
43
44          // 画像0、画像1、画像2、画像3、画像4を順番に表示
45          if(cg1 > 4){      // cg1が5になったら0に (0,1,2,3,4を繰り返す)
46              cg1 = 0;
47          }
48      }
```

③ `var loopup1=function()`

これは、スロットの絵を変えながら表示させていく処理を行っているよ。「STOP1」などのストップボタンがクリックされるまで、108ページの39行目から48行目を繰り返すよ。

実際に絵を表示させているのが、108ページの42行目の

```
document.getElementById('img1').src = images[cg1++];
```

で、cg1++によって繰り返し処理が行われるたびに、変数cg1の値を1加算させているよ。それにより、images[cg1++]は、

images[0]、images[1]、images[2]、images[3]、…

となるよ。でも絵の変数は、images[0]、images[1]、images[2]、images[3]、images[4]までしかないので、変数cg1の数が、4を超えないように、

```
73          if(cg3 > 4){      // cg3が5になったら0に (0,1,2,3,4を繰り返す)
74              cg3 = 0;
75          }
```

で、変数cg1が、4を超えたら（5になったら）、変数cg1を0にする処理を行っているよ。

```
50      sp1=setInterval(loopup1, 200);    // 回転速度調整
51                                        //（200ミリ秒表示間かくを空ける）
```

④ `sp1=setInterval( );`

> `sp1=setInterval(loopup1, 200);`

`setInterval`は、「決まった時間ごとに、決められた処理を繰り返す」という命令で、ここでは、決まった時間が200ミリ秒（0.2秒）だったね。

そして、決められた処理がloopup1という処理だったね。すなわち、「0.2秒ごとにloopup1を繰り返す」というはたらきになるんだったね。

```
82  function stop_slot1() {          // スロット画像1をストップ
83      clearInterval(sp1);
84  }
```

⑤ `clearInterval( );`

`clearInterval(sp1);`

`clearInterval(sp1);`は、「変数sp1で管理している108ページの50行目sp1=setInterval(loopup1, 200);の繰り返し処理(タイマー)を止める」というはたらきになるんだったね。

この「スロット」の処理の順番をまとめると、次の表のようになるよ。

〔「スロット」の処理の順番〕

| 順番 | 処理 | プログラミング言語 |
|---|---|---|
| ① | 「START」ボタンを表示する。 | HTML5・CSS |
| ② | "pt0.png"という画像ファイルを順番に3つ表示する。 | HTML5・CSS |
| ③ | 「STOP1」ボタン、「STOP2」ボタン、「STOP3」ボタンを表示する。 | HTML5・CSS |
| ④ | 「START」ボタンがクリックされたら、「スロット画像1」「スロット画像2」「スロット画像3の絵を "pt1.png" "pt2.png" "pt3.png" "pt4.png" "pt5.png" の順番で変えなさい。 | JavaScript |
| ⑤ | 「STOP1」「STOP2」「STOP3」のボタンがクリックされたら、クリックされたボタンに対応した「スロット画像」を止めなさい。 | JavaScript |

前ページの表で、①、②、③の表示する部分は、HTML5、CSS が担当しているよ。

また、④、⑤の動作する部分は、JavaScript が担当しているよ。

つまり、HTML5 や CSS は表示させたり、デザインを整えたりする役割があり、JavaScript は、動きをつくる役割があるんだね。

> **メモ**
>
> 「HTML5」「CSS」は、表示やデザイン、
> 「JavaScript」は、動きをつくる。

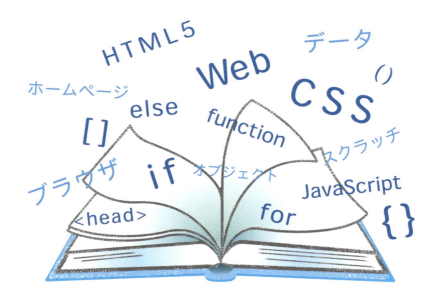

コラム

## 【「CSSで指定できる色名一覧（140色）」について】

デザインをする上で使うCSS（スタイルシート）には、英語の色名で文字や背景、罫線の色を指定することができるんだ。

ivページに記載したダウンロード用URLにアクセスすると、「**CSSで指定できる色名一覧（140色）**」という項目があるよ。

この「CSSで指定できる色名一覧（140色）」は、一般的なブラウザが対応している140色のコード表だよ。本書で説明に利用したブラウザGoogle Chromeでも使うことができる。

本書のなかでCSSに色を指定している箇所（例 color: navy;）がいくつかあるよ。カラーコードであるnavy（濃い青）を、自分の好きな色のコードredやblueに書きかえて試してみよう。

たとえは、color: navy; を color: red; にすると赤い色に変わるし、color: blue; にすると青に変わるよ。

なお、16進数を使ってcolor: #FF0000; とすることもできるよ（16進数での表現のくわしい説明はほかの本をみてね）。

# おわりに

　この本で学んだプログラミングは楽しかったですか？

　自分の「こうしたい」「こういうものをつくりたい」「動かしてみたい」と思ったものがコンピュータの上で形になって現れると、すごくうれしかったのではないでしょうか。

　プログラミングはたくさんコードを「読んで」「書いて」「書きかえる」ことでどんどん上達していきます。もっとプログラミングを楽しみたい人はどんどんいろいろな方法で学習してくださいね。

　実は、自由自在にプログラミングと付き合えることは、絵を描いたり音楽を奏でたりするのと同じ、クリエイティブな作業でもあります。

　みなさんの想像と行動力で創造した、世界をあっといわせるものにいつか出会えることをとっても楽しみにしています。

2018 年 10 月　執筆者一同

# さくいん

## あ

|  |  |
|---|---|
| ⟨img⟩ | 94, 98 |
| i++ | 46 |
| id | 94, 98 |
| 値 | 35, 74 |
| alert | 27 |
| if | 40 |
| イベント | 5 |
| images | 113 |
| インターネット | 24 |
| input | 97, 105 |
| Webプログラミング | 24 |
| h1 | 32 |
| HTML | 29 |
| ⟨html⟩ | 66, 95 |
| src | 94, 98, 114 |
| else | 41 |
| オブジェクト | 59 |
| onClick | 93, 97 |

## か

|  |  |
|---|---|
| 拡張子 | 29 |
| 関数 | 51 |
| 行番号 | 21 |
| クラス名 | 76 |
| clearInterval | 70, 127 |
| 繰り返し | 19 |
| グローバル変数 | 67 |
| getData | 68 |

## さ

|  |  |
|---|---|
| 更新 | 43 |
| コスチューム | 7 |
| console.log( ) | 32 |
| 算術演算子 | 35 |
| cg1 | 115 |
| CSS（スタイルシート） | 30, 67, 74 |
| 「cssで指定できる色名一覧（140色）」 | 129 |
| JavaScript | 30 |
| 真偽値 | 35 |
| 数値 | 35 |
| Scratch | 2 |
| ⟨script⟩ | 67, 97 |
| スクリプトエリア | 4 |
| ⟨style⟩ | 96 |
| start( ) | 70 |
| ステージ | 4 |
| stop( ) | 70 |
| スプライト | 4 |
| setImage( ) | 93 |
| setInterval | 70, 111, 126 |
| セレクタ | 74 |
| 添え字 | 49, 114 |

## た

|  |  |
|---|---|
| ⟨title⟩ | 66, 91 |
| タグ | 95 |
| disabled | 71 |

| | | | |
|---|---|---|---|
| <ruby>text-align<rt>テキスト アライン</rt></ruby> | 100 | **ま** | |
| <ruby>document.getElementById( )<rt>ドキュメント　　ゲットエレメントバイ</rt></ruby> | 112 | マークアップ | 32 |
| <ruby>document.write( )<rt>ドキュメント　ライト</rt></ruby> | 31 | <ruby>margin<rt>マージン</rt></ruby> | 102 |
| <ruby>〈！doctype html〉<rt>ドックタイプ</rt></ruby> | 66 | <ruby>Math.floor( )<rt>マス　フロア</rt></ruby> | 43 |
| ドラッグ・アンド・ドロップ | 5 | <ruby>Math.random( )<rt>マス　　ランダム</rt></ruby> | 43 |
| | | ミリ秒 | 111 |
| **は** | | メモ帳 | 20 |
| <ruby>var<rt>バー</rt></ruby> | 113 | 文字列 | 32, 35 |
| 配列 | 48, 49 | | |
| <ruby>配列変数<rt>はいれつへんすう</rt></ruby> | 113 | **ら** | |
| <ruby>padding<rt>パディング</rt></ruby> | 103 | <ruby>乱数<rt>らん　すう</rt></ruby> | 14 |
| <ruby>value<rt>バリュー</rt></ruby> | 92, 97 | リスト | 13 |
| p | 97, 105 | ループ | 19 |
| 〈br〉 | 46, 98 | <ruby>loopup<rt>ループアップ</rt></ruby> | 69 |
| <ruby>比較演算子<rt>ひかくえんざんし</rt></ruby> | 43 | <ruby>ローカル変数<rt>　　　　へんすう</rt></ruby> | 68 |
| <ruby>引数<rt>ひき　すう</rt></ruby> | 53 | | |
| <ruby>for<rt>フォー</rt></ruby> | 44 | | |
| <ruby>font-size<rt>フォント　サイズ</rt></ruby> | 101 | | |
| プログラムを実行する | 93 | | |
| ブロック | 4 | | |
| ブロックパレット | 4 | | |
| プロパティ | 59, 74 | | |
| プロパティ名 | 59 | | |
| <ruby>〈head〉<rt>ヘッド</rt></ruby> | 66, 96 | | |
| ヘッダー部 | 96 | | |
| <ruby>変数<rt>へん　すう</rt></ruby> | 11, 36, 37 | | |
| <ruby>border-radius<rt>ボーダー　　ラジウス</rt></ruby> | 104 | | |
| <ruby>〈body〉<rt>ボディ</rt></ruby> | 96 | | |
| ボディ部 | 96 | | |

# 編著者紹介

## 特定非営利活動法人　中野コンテンツネットワーク協会

ICT・コンテンツの関連事業者、教育機関、支援機関、行政機関の間にネットワークを構築し、相互の連携によって価値の創造・創発を生み出し、さらなる地域経済発展へ貢献、地域の利便性向上、賑わい創出に資することを目的に、中野区の後押しにより設立された団体（愛称は「ナカノプラプラ」）。
http://nakano-plapla.jp/

■著　者

### 井坂　昭司

専門学校 東京テクニカルカレッジ 副校長 情報処理科科長
授業は、プログラミング科目、コンピュータシステム開発科目を担当。
大型システムの開発からPCシステムの開発の経験を活かし、若い人たちの育成を行っている。

### 高信　勝二

システムエンジニア、プログラマー。有限会社 タカプラン代表。
出入貿易にかかわる煩雑な通関書類、国際取引書面の自動化、インターネット取引の先陣を切った開発を手がける。
画像読影にかかわる医療分野、金融取引情報提供等のさまざまなWebサイトの開発を行う。

### 熊谷　淳

1990年代からWebサイトの構築をはじめ、以降、デザインとテクノロジーの融合をテーマに数々のWebサイトを構築。
プログラミングはサーバサイドからフロントエンドまで広い範囲を手がける。
東京都中野区のWeb制作会社、株式会社 ムーブメント代表。

### 秋田　隆輝

1995年、バンド活動を休止し、ホームページ作成事業を開始。
2000年、豊作プロジェクト株式会社を設立。代表取締役に就任。ショッピングカート、ネットショップ構築ソフト「豊作くん」を開発、販売。
2000年、翔泳社主催のフォアサイト2000にてマイクロソフト賞を受賞。

■編集協力

### 今泉　裕美子

株式会社 ツクリエ　取締役
総合広告代理店に勤務した後、映画・映像プロデューサーとして製作、配給から映画祭運営、スクール立ち上げなどに従事。
コンテンツファンドを経て、現在は、ゲーム・映像・アニメ・CG等のコンテンツビジネスの創業支援を目的に東京都が設立した東京コンテンツインキュベーションセンター（TCIC）のチーフインキュベーションマネージャーを務める。
都の創業支援拠点創業コンシェルジュほか、コンテンツビジネス振興に関する自治体等のアドバイザーやプログラムディレクター等も兼任。

- 本書の内容に関する質問は，オーム社書籍編集局「(書名を明記)」係宛に，書状または FAX(03-3293-2824)，E-mail(shoseki@ohmsha.co.jp)にてお願いします．お受けできる質問は本書で紹介した内容に限らせていただきます．なお，電話での質問にはお答えできませんので，あらかじめご了承ください．
- 万一，落丁・乱丁の場合は，送料当社負担でお取替えいたします．当社販売課宛にお送りください．
- 本書の一部の複写複製を希望される場合は，本書扉裏を参照してください．

JCOPY <(社)出版者著作権管理機構 委託出版物>

## 10歳からのプログラミング
—ホームページやゲームをつくってみよう—

平成30年11月15日　第1版第1刷発行

編著者　特定非営利活動法人 中野コンテンツネットワーク協会
発行者　村上和夫
発行所　株式会社 オーム社
　　　　郵便番号　101-8460
　　　　東京都千代田区神田錦町3-1
　　　　電話　03(3233)0641(代表)
　　　　URL　https://www.ohmsha.co.jp/

© 特定非営利活動法人 中野コンテンツネットワーク協会 2018

組版　ユニックス　　印刷・製本　小野高速印刷
ISBN978-4-274-22307-5　Printed in Japan

関連書籍のご案内

# マンガで関数がわかる！

中学生のほとんど全員が理解に苦しんでいる関数について，
マンガでわかりやすく解説しました．
数学が得意な方にも，苦手な方にもおすすめの書籍です．

CONTENTS

第1章 関数って何？

第2章 比例と反比例

第3章 1次関数

第4章 $y = ax^2$

第5章 いろいろな関数

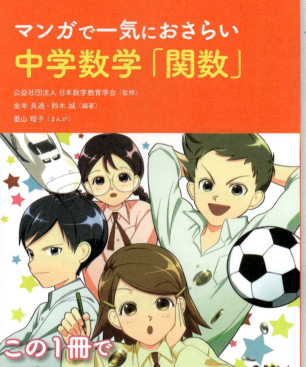

マンガで一気におさらい 中学数学「関数」
この1冊で中学の関数がわかる！

## マンガで一気におさらい 中学数学「関数」

公益社団法人 日本数学教育学会〔監修〕　金本良通・鈴木 誠〔編著〕　菱山瑠子〔まんが〕

A5判／216ページ／2018年11月発行／ISBN:978-4-274-22273-3

もっと詳しい情報をお届けできます．
◎書店に商品がない場合または直接ご注文の場合も右記宛にご連絡ください．

ホームページ　https://www.ohmsha.co.jp/
TEL/FAX　TEL.03-3233-0643　FAX.03-3233-3440

（定価は変更される場合があります）

F-1811-248